동물 칼럼니스트 **김소희**

사랑하는 가족에게

열정을 잃지 않도록 힘을 주는 친구들에게

연구실에서 혹은 현장에서 생명을 연구하거나
돌보고 계시는 분들께

애니멀파크 회원 여러분과 그 외에 동물을 사랑하는
모든 분들께

또 이 세상의 모든 생명에게

이 책을 바칩니다.

탐험을 떠나요!

온몸으로 바닥을 비질하듯 어기적어기적 기어 다니던 강아지의 순진 무구한 눈빛이 떠오릅니다. 이름을 부르면 앞다리랑 뒷다리가 엉켜 넘어질 정도로 헐레벌떡 달려옵니다. 그러다 집안 분위기가 좀 험악하다 싶으면 슬금슬금 눈치를 보며 제 집으로 숨어 버리죠. 책상에 앉아 공부라도 할라치면 뒤통수가 따갑습니다. 놀아 주지 않는 제가 원망스럽겠지요. 애써 모른 척하고 있노라니 긴 한숨 소리가 들립니다. 살짝 뒤돌아보면 어깨를 축 늘어뜨린 채 방구석을 향하고 있습니다. 그럴 때 눈이라도 마주치면 정말 큰일입니다. 그렇게 애절한 눈빛 공격을 감당할 수 있는 사람은 아무도 없을 테니까요. 마냥 어린애인 줄로만 알았는데, 다른 집으로 제 새끼들을 입양 보냈더니 며칠씩 밥도 안 먹고 집 안 구석구석을 뒤지며 슬프게 울어 댑니다. 그리고 마지막 생명이 꺼져 가던 그 순간, 이 세상이 아닌 다른 세상을 바라보고 있는 듯하던 그 텅 빈 눈빛도 잊혀지지 않습니다.

돌이켜보면, 말은 통하지 않았지만 표정과 눈빛을 통해 느껴지던 '마음 간의 짠한 소통'이 다시 떠올라 가슴 한편을 간질입니다. 개나 고양이 등 인간이 아닌 다른 동물들과 한 가족을 이뤄 살아가고 있는 사람이라면 누구나 그들도 기쁘고, 외롭고, 실망하고, 놀라고, 무섭고, 아프고, 괴로운 다양한 감정을 느낀다는 사실을 잘 알 거라 믿습니다. 생각도 하고 환경과 경험을 통해 조금씩 세상을 배워 나가는 능력이 있다는 것도 말입니다.

그런데 이상하게도 야생 동물에 대해서는 그렇게 생각하지 않는 것 같습니다. 그저 냉혹한 약육강식의 법칙 및 본능에만 충실한 '짐승' 혹은 '살아 있는 기계'에 불과하다고 여기는 것이지요. 왜 그럴까요? 생각해 보면 학창 시절 배운 내용들이 대부분 그랬던 것 같습니다. 콘크리트 밀림에 사는 탓에 동물원에나 가야 동물들을 실제로 볼 수 있었고 동물에 대한 지식과 정보는 책이나 텔레비전을 통해 간접적으로 알게 된 것들이 전부였습니다. 지금도 대부분의 생물학이나 동물학 책들은 동물의 크기 및 생김새, 먹이, 짝짓기 시기 등 지극히 사전적인 정보들로 가득 차 있습니다. 실제로 그들이 어떻게, 어떤 감정을 느끼며 살아가는지는 전혀 알 수 없고 말입니다.

300~400여 년 전 데카르트를 비롯한 유명한 철학자들은 동물을 자동으로 움직이는 기계라고 생각했습니다. 개를 때렸을 때 터져 나오는 비명은 괘종시계가 시간에 맞추어 '땡땡' 하고 울리는 것과 같은 이치라고 생각했지요. 그 후로도 오랫동안 과학자들은 동물에게 감정이 있다고 생각하는 것이 의인화이며, 과학에 대한 모독이라 생각했습니다. 때문에 동물들의 기쁨과 실망, 슬픔, 외로

움 등과 같은 정서 및 감정 능력에 대해서는 아예 연구할 생각조차 하지 않았다 해도 과언이 아닙니다.

1960년대에 야생 침팬지를 연구하던 한 여류 동물행동학자가 침팬지들에게 이름을 지어 주어서 학계로부터 엄청난 반발을 샀습니다. 침팬지들이 이름을 갖는다는 것은 동물도 사람처럼 저마다 다른 생각과 개성을 가진 독립적인 존재임을 인정한다는 의미기 때문입니다. 또한 그 동물행동학자는 침팬지들의 행동과 생태를 연구하며 유아기, 사춘기, 동기, 흥분, 기분, 개성과 같은 단어들을 사용하였습니다. 이전에는 동물에게 쓰지 않던, 인간에게만 쓰던 단어들이었죠.

과학의 품위를 손상시켰다는 이유로 죄인 취급까지 당했던 그녀는 바로 오늘날 저명한 동물행동학자이자 환경 운동가로 활동하고 있는 제인 구달입니다. 불과 40여 년이 지난 지금은, 아무도 제인 구달에게 이의를 제기하지 않습니다. 오히려 오늘날 과학자들에게는 연구하는 동물들에게 이름을 지어 주는 것이 일상적인 일이 되었습니다. 그리고 많은 사람들이 동물도 인간처럼 생각할 줄 알고, 복잡한 감정을 느낄 줄 아는 존재라는 것을 조금씩 깨달아 가고 있는 것 같습니다.

넌 어느 별에서 왔니?

그러나 아직도 그들은 우리에게서 너무나도 멀리 떨어져 있습니다. 헤치고, 뚫고 다가오기에 콘크리트 밀림은 그들에게 너무 단단하고 가혹합니다. 가끔 그들 중에서 콘크리트 벽을 넘어오는 과감한 녀석들이 있기는 하지만, 결말은 비극으로 끝나는 일이 많습니다. 그들과 우리는 같은 별, 지구에서 살고 있지만, 서로 만나는 일이 없습니다. 우연히 만나더라도 대화가 통하지 않아 서로를 이해하지 못하고 서로에게 좋지 못한, 아니 우리에게만 유리한 결론을 짓고 맙니다. 지구 안에서도 동물들과 우리 인간은 서로 다른 세계, 다른 별에 살고 있는 듯합니다. 자, 이제 우리가 가야 할 때입니다. 더 늦기 전에 동물들이 살고 있는 별로 찾아가 그들의 이야기에 귀 기울이고, 그들이 무슨 생각을 하고, 어떤 감정을 느끼면서 살아가는지를 보고 느껴야 합니다.

소설가이자 자연학자 브랜다 피터슨이 "동물에 대한 꿈을 가지고 있는지"에 대해 설문 조사를 했더니, 어린이 중 80퍼센트가 "동물의 마음을 알고 싶다.", "동물과 대화하고 싶다.", "그들과 교감하고 싶다.", "커서 동물박사가 되겠다." 등 동물에 대한 꿈을 간직하고 있다고 합니다. 그에 반해 이런 꿈을 꾸는 어른은 20퍼센트에 불과했습니다. 꿈을 잃은 어른들에게는 어린 시절의 꿈을 되돌려 주고, 또 어린이나 청소년들은 계속해서 꿈꾸며 살 수 있게 해 주기 위해서라도 동물 별 탐험은 충분히 의미 있는 여행이 될 것 같습니다. 자, 동물 별 탐험을 떠날 준비가 되셨나요? 준비물이요? 다른 건 다 필요 없고 '열린 마음'만 있으면 됩니다. 나와 다른, 우리 인간과 다른 생명을 따스하게 바라볼 수 있는 열린 마음 말이지요. 그럼, 마음을 활짝 열고 탐험을 떠나 볼까요?

조금만 경계를 소홀히 해도 적에게 잡아먹히고, 조금만 게으름을 부려도 며칠을 굶주려야 하는 야생의 세계에서 '먹는 것'은 곧 생존과 직결되는 문제입니다. 잡아먹으려는 이들과 잡아먹히지 않으려는 이들 간에 매일매일 쫓고 쫓기며 벌어지는 기상천외한 대결! 신출귀몰, 개성만점 동물들의 먹이 사냥법을 한번 살펴볼까요?

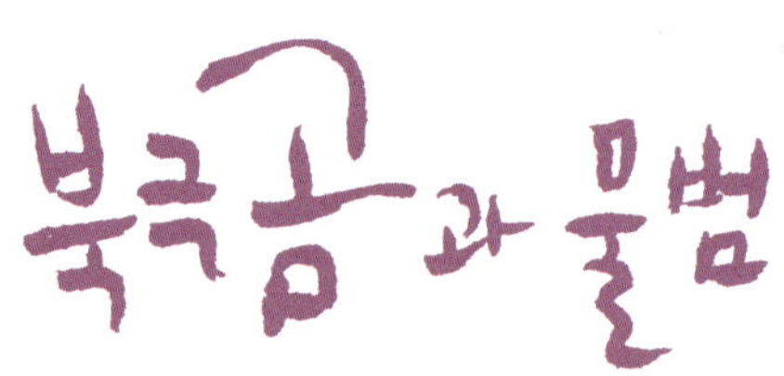

포근함과 사랑스러움의 대명사로 자리 매김하고 있지만 북극곰은 사실 동물의 왕국에서 둘째가라 면 서러운 맹수입니다. 게다가 영하 40~50도의 추위를 견디게 해 주는 두꺼운 지방층을 유지하기 위해 끊임없이 먹어 대는 먹보이기도 하구요. 북극곰은 나무 열매, 해초, 물고기, 새, 순록, 길 잃은 고래에 이르기까지 가리지 않고 뭐든지 먹지만 특히 지방이 풍부한 물범을 좋아합니다. 일광욕을 즐기고 있는 물범에게 접근할 때에는 자신의 냄새가 물범 쪽으로 퍼지지 않도록 얇은 얼음장을 들어 바람막이로 사용하는 센스를 보이기도 하죠. 물범이 눈치 챘다 싶을 땐 '얼음 땡' 놀이도 합니다. 마치 거대한 얼음 덩어리인양 꼼짝 않고 멈춰 서 있는 것입니다. 설마 물범이 이 거대한 포식자의 접근을 눈치 채지 못할까 싶겠지만, 설원 한복판에서 새하얀 북극곰은 거의 눈에 띄지 않습니다. 유일하게 눈에 띄는 부위인 까만 코(맑은 날이면 10킬로미터 이상 떨어진 곳에서도 망원경으로 보인다고 하네요.)나 눈마저 앞발로 가려 버리는 날엔 제아무리 예리한 물범이라도 절대 알아채지 못합니다.

먹잇감을 찾아 물 속에 들어가기도 하지만 천하의 북극곰도 얼음같이 찬 물 속에 들어가기 싫을 때가 있습니다. 그럴 때면 적당한 크기의 얼음을 서핑보드 삼아 타고 다니면서 헤엄을 치고 있는 물범

을 잡기도 하고, 그것마저도 귀찮으면, 얼음을 깨부순 뒤, 그 구멍
앞에 하염없이 엎드려 있다가 숨을 쉬기 위해 구멍 밖으로 고개를
내미는 물범을 잡아먹기도 합니다. 또 사냥감을 향해 커다란 얼음
덩어리를 집어 던져서 상처를 입힌 후 손쉽게 사냥을 하기도 하지
요. 북극곰의 재기발랄한 물범 사냥을 보고 있으면, 미련 곰탱이라
는 말이 도대체 어디서 나온 걸까 싶은 생각이 들 정도라니까요.

크고 뚱뚱한 북극곰이 헤엄을 잘 친다고?

북극곰은 몸집이 크고 둔해 보이지만, 물 속에 일단 들어갔다 하면 물개 뺨
치는 수영 솜씨를 자랑합니다. 북극곰의 앞발은 크고 넓적해서 물 속에서
노의 역할을 하지요. 게다가 발가락 사이에는 물갈퀴 구실을 하는 짧은 막
이 붙어 있습니다. 어깨와 머리를 물 밖으로 내놓은 상태로 시속 6.5킬로
미터로 헤엄을 칠 수 있는데 얼마 전에는 북극곰이 최장 100킬로미터를
단 하루 만에 헤엄쳐 이동한다는 연구 결과가 나오기도 했습니다. 노르웨
이 북극 연구소의 존 아르스는 "이 정도 수영 실력이면 북극곰을 고래나
돌고래와 같이 바다 포유동물로 분류해도 될 정도"라고 했다네요. 두꺼운
털가죽 층과 항상 꼿꼿이 서 있는 길고 속이 빈 체모 또한 오랜 시간 동안
차가운 물 속에 있을 수 있도록 도와줍니다.

초음파로 물고기를 잡는 돌고래

인간 다음으로 지능이 뛰어난 것으로 밝혀진 돌고래는, 초음파를 쏜 뒤 그것이 앞에 있는 물체에 부딪혀 되돌아오는 현상을 통해 바다 밑의 지형과 장애물 등을 파악합니다.(이것을 반향 정위라고 합니다.) 또한 초음파로 모래 속에 숨어 있는 물고기의 형상까지도 알아냅니다. 모래 속에 몸을 꽁꽁 숨긴 물고기들을 일일이 주둥이로 파내려면 상당한 시간과 에너지가 소모되지요. 때문에 돌고래는 강한 초음파를 쏘아 먹잇감을 기절시킨 다음 모래 밖으로 떠오르는 순간을 노리기도 합니다. 또 어떤 돌고래는 물고기를 놀라게 한 뒤, 놀란 물고기가 수면 밖으로 뛰어올랐다 떨어지는 순간을 포착해 잡아먹기도 합니다. 아마존 강 유역에 살고 있는 원주민들은 수천 년 전부터 돌고래의 이런 습성을 이용하여 물고기를 잡았다고 하네요.

한편, 몸길이만 13~15미터에 이르는 혹등고래는 공기 방울 세탁법도 아닌, '공기 방울 사냥법'을 개발했습니다. 이 녀석들은 이빨이 없는 대신 입 안의 수염을 이용해 물은 걸러 내고 먹이만 삼키는데요, 덩치답지 않게 아주 작은 물고기 떼나 크릴새우만을 먹고 삽니다. 몇 마리가 무리를 지어 다니다 물고기 떼를 만나면 그 주변을 에워싸고 둥그렇게 돌면서 뽀글뽀글 공기 방울을 만듭니다. 이 공기 방울 그물 속에 갇힌 물고기들이 물방울들이 터지며 생겨나는 퐁퐁퐁 소리에 정신이 팔려 우왕좌왕하는 틈을 이용, 한 입에 먹이 떼를 집어 삼킵니다. 이 방법으로 한 번에 2톤가량의 크릴새우를 먹어 치운다고 하네요.

재주꾼 혹등고래

몸길이 13~15미터에, 몸무게가 30~40톤이나 나가는 거구지만 혹등고래 는 고래 중에서도 재주를 가장 잘 부리기로 유명합니다. 그중에서도 배를 위로 향한 채 수면 위로 높이 솟구쳐 오른 다음 등을 활처럼 구부려 머리부 터 물 속으로 곤두박질치는 묘기는 입이 떡 벌어질 정도로 멋집니다. 몸이 몸이니만큼 수면에 부딪히면서 나는 소리와 물보라도 엄청나죠. 바다의 음악가로 불릴 만큼 노래 솜씨도 뛰어난데 어느 무리에 속했냐에 따라 부 르는 노래도 달라진다고 합니다. 같은 무리에서도 해마다 노래가 조금씩 달라진다구요.

살인증거물 1호 거북

고대 그리스의 비극 시인 아이스킬로스는 하늘에서 떨어진 지뢰에 머리를 맞아 죽었다고 전해집니다. 하늘에서 지뢰가 떨어지다니, 그것도 기원전 400년경에, 이 무슨 뚱딴지같은 소리냐 하겠지만, 굳이 국립 과학 수사 연구소나 CSI 과학 수사대를 파견하지 않아도 자연에 대해, 동물에 대해 관심을 갖고 있는 사람이면 단서를 찾을 수 있습니다. 그 지뢰란 바로 거북이지요. 거북? 하늘에서 떨어진 거북? 사건이 풀리기는커녕 더 미궁으로 빠져든다구요? 차라리 마른 하늘에 날벼락이 낫지, 마른 하늘에 거북이라니! 아이스킬로스의 재능을 시기한 제우스가 저 높은 곳에서 거북을 떨어뜨리셨나? 자, 자, 자, 아직 설명은 끝나지 않았습니다. 제2의 인물, 아니, 제2의 동물이 남아 있습니다. 바로 독수리지요. 거북을 먹으려던 독수리가 딱딱한 거북의 등껍질을 깨부수기 위해 거북을 쥐고 하늘 높이 날아올랐고 단단한 바위를 찾던 중 햇살 아래 밝게 빛나는 아이스킬로스의 대머리를 바위로 착각하고 그 위로 거북을 냅다 던진 것입니다. 이 웃지 못할 사건의 진실에 대해서는 역사적 자료마다 논란의 여지가 있지만 적어도 가능성이 아주 없는 이야기는 아닙니다. 왜냐하면, 실제 오늘날까지 이 지역에 살고 있는 수염수리가 그런 습성을 가지고 있으니까요. 수염수리는 거북을 발

"

톱으로 움켜쥔 채 하늘로 날아올라 높은 상공에서 거북을 떨어뜨린 다음 거북의 등껍질이 산산조각이 나면 그 속에 있는 살코기를 꺼내 먹습니다. 이런 식으로 동물의 뼈에서 골수도 빼내 먹는다고 하네요.

펀드와 수리의 상관관계?

보통 몸길이가 1미터 이상이고, 날개길이가 3미터에 달하는 하늘의 제왕 수리는 면도날처럼 날카로운 갈고리 발톱과 부리를 가진 사나운 사냥꾼이기도 하지만, 남이 먹다 남긴 고기를 먹어 치우는 청소부이기도 합니다. 남이 먹다 남긴, 또는 버린 썩은 고기를 먹는 수리와 비슷하다 하여, 수리의 이름(영어로 'vulture')을 딴 벌처펀드란 경제 용어가 있습니다. 부실기업이나 부실채권에 투자하여 수익을 올리는 펀드를 말하는데 수리들이 주로 죽은 동물이나 남은 찌꺼기를 먹는 것처럼, 이들도 파산한 기업이나 자금난에 부딪쳐 경영 위기에 처한 기업들을 주요 투자 대상으로 하기 때문이라고 하네요. 썩은 고기를 다듬고 살찌워서 생고기로 만드는 기적의 힘이 수리에게 있을 리도 없지만, 설사 그런 힘이 있다 하더라도 수리가 그것을 다른 새들에게 비싼 값에 팔 것 같지도 않기 때문에, 자신의 이름이 무단 도용되고 있다는 사실을 수리가 알게 된다면 어쩌면 기분 나빠 할지도 모르겠습니다.

신호등을 기다리는 까마귀

이솝우화에 이런 이야기가 있죠. 목마른 까마귀가 물이 든 유리병을 발견했습니다. 그런데 유리병은 주둥이가 길쭉하고 물이 반밖에 차 있지 않아 그 상태로는 물을 먹을 수가 없었습니다. 고민 끝에 까마귀는 자갈을 물어와 유리병에 채워 넣었습니다. 수위를 높인 다음, 물을 마음 놓고 마시려는 속셈이었던 것이죠. 기억력이 좋지 않거나 건망증이 심한 사람에게 "까마귀 고기 먹었냐."는 표현을 쓰지만 사실 까마귀는 이솝우화에 나오는 것처럼 매우 영리한 새입니다. 2004년 12월 《사이언스》에는 까마귀의 지능이 침팬지에 버금간다는 내용의 기사가 실렸을 정도로 말이지요.

우리가 도시 한복판에서 흔하게 까치를 보듯이 일본에서는 흔하게 까마귀를 볼 수 있어서 이들에 대한 재미난 사실들이 많이 알려져 있습니다. 까마귀는 까치와 마찬가지로 잡식성이라 말랑말랑한 애벌레에서 딱딱한 소라고둥까지 못 먹는 게 없는데요, 소라고둥의 경우 부리에 물고 높이 날아오른 뒤 아래로 떨어뜨려 깨 먹습니다. 놀라운 것은 소라고둥의 크기가 클수록 더 높이 올라간다는 사실입니다. 한 술 더 떠 열매 껍데기를 까는 데 자동차를 이용하는 녀석들도 있습니다. 차도 위에 호두열매를 놓고는 차가 지나가기를 기다렸다가 차바퀴에 호두가 으스러지면 얼른 내려와 그 알갱이를 집어 먹는 것이죠. 혹시라도 차에 치이지는 않을까 불안해 하는 사람들도 있지만, 걱정 붙들어 매셔도 됩니다. 녀석들은 신호등을 볼 줄 알기 때문에 무단 횡단 같은 행동은 절대 하지 않거든요. 빨간불이 켜져 차들이 정지하면 호두를 도로 위에 갖다 놓고, 초록불이 들어오면 차들이 씽씽 달리는 것을 가만히 지켜보고 있다가 다시 빨간불로 바뀌어 차들이 멈추면 그제야 안전하게 호두 알갱이를 집어 온다니 놀랍죠? 이제는 잘 잊어버리는 사람에게 오히려 "까마귀 고기를 먹어라."라고 해야 하지 않을까 하는데요.

새들의 IQ

캐나다 맥길 대학교의 루이 드페브르 박사는 지난 75년간 발표된 새에 관한 논문 2,000여 편을 분석하여 새들의 IQ를 측정해 보았습니다. 영예의 1등은 역시 까마귓과의 새들이 차지했습니다. 매나 황조롱이 등이 포함된 맷과, 백로와 왜가리가 포함된 왜가릿과, 딱따구릿과가 그 뒤를 이었으며, 꼴등은 모두의 예상을 뒤엎고 앵무새가 차지했습니다. 물론 드페브르 박사가 개발한 새 IQ 측정법이 얼마나 정확한지, 공평한지는 좀 더 연구를 해 봐야 알겠지만, 어차피 IQ만을 가지고 머리가 좋으니, 나쁘니 단정 지을 수는 없을 것 같습니다. 사실 어렸을 적, 낮은 IQ를 선고(!)받고도 학업에서든, 일에서든 성공하는 사람들이 인간 사회에도 많이 있잖아요?

'레드썬, 레드썬' 최면을 걸어라 오징어

우리가 맛있게 먹곤 하는 오징어의 사냥법도 참 재미있습니다. 오징어는 오색찬란하게 변하는 자신의 피부를 이용하죠. 먹잇감이 그 현란한 빛의 향연에 넋이 나간 사이 2개의 촉수(집게 역할을 하는)로 먹잇감을 낚아챕니다. 일종의 최면술인 셈이죠.

족제비나 여우 중에도 사냥감에게 최면을 거는 녀석들이 있습니다. 녀석들은 토끼나 다람쥐 등 사냥감을 발견하면 가까이 다가가지 않고 주변을 맴돌며 폴짝폴짝 뛰었다가 구르기도 하고 이리저리 왔다 갔다 하며 온갖 오두방정을 다 떨어 사냥감의 혼을 쏙 빼놓죠. 학자들이 '죽음의 춤'이라고 부르는 이러한 족제비나 여우의 행동에 사냥감은 최면에 빠진 듯, 도망도 가지 않고 얼이 빠져 멍한 상태로 그 자리에 그대로 서 있습니다. 사냥감의 경계심을 충분히 흩어 놓았다고 생각되는 순간, 와락 사냥감에게로 달려들어 잡아먹는데요, 재미있는 것은 족제비를 바라보고 있는 토끼의 표정입니다. '저 녀석이 미쳤나? 머리에 꽃만 꽂으면 딱이겠어. 어디까지 가나 한 번 두고 볼까.'라는 심산으로 쳐다보고 있는 것만 같거든요.

... come una s...
... ghiacciata. Lime, pompelmo e
geranio aiutano a concentrarsi su
obiettivi e priorità, a chiarificare
... mente e a cancellare la tensione
emotiva dell...

팔이 여러 개 달린 괴물?

바다 속이 아직 미지의 세계이던, 아주 오랜 옛날, 뱃사람들 사이에서는 팔이 여러 개 달린 거대한 괴물에 대한 전설이 입에서 입으로 전해져 내려오고 있었습니다. 복주머니처럼 생긴 커다란 몸, 8개나 되는 긴 다리(거기에다 오징어는 2개의 촉수까지), 오징어나 문어를 처음 본 사람이라면 누구나 그 희한한 모습에 괴물을 떠올릴 법합니다. 오죽하면 공상 과학 소설이나 영화에서도 오징어나 문어를 닮은 외계인이 등장했을까요. 1800년대 말에는 몸길이가 18미터에 이르는 대왕오징어가 뉴질랜드의 해안가에 밀려 올라와 사람들을 깜짝 놀라게 한 적이 있고, 1997년에도 오스트레일리아 해안에서 몸길이 15미터의 대왕오징어가 그물에 걸린 적이 있습니다. 수심 300~1,000미터의 심해에서 사는 대왕오징어는 무척추동물 중에서 가장 크며, 눈의 지름은 30~40센티미터로 지구상에서 가장 큰 눈을 자랑하죠. 이 정도 크기면 허먼 멜빌의 소설 『백경』에서처럼 향유고래와 싸우는 것쯤은 아무 문제없을 것이고 쥘 베른의 『해저 2만 리』에서처럼 잠수함을 공격하는 것도 불가능한 일은 아닐 것 같죠?

방귀로 적을 물리친다 스컹크

동물도 사람처럼 자연스레 방귀를 뀌는데, 이 방귀를 호신술로 사용하는 녀석들도 있습니다. 자, 살짝 코를 막고 방귀의 세계로 한번 들어가 볼까요? 스컹크는 적을 만나면 온몸의 털을 부풀려 곤두세운 후, 재빨리 뒤를 돌아 적에게 엉덩이를 내보입니다. 그러고는 풍성한 꼬리털을 말아 올린 후 온몸을 가볍게 흔들며 똥꼬에 힘을 빡 주지요. 느닷없이 쪼글쪼글한 똥꼬와 대면하게 된 상대방이 어리둥절해 있는 순간, 앞발로 일어서 물구나무를 선 자세로 있는 힘을 다해 방귀탄 발사! '뿌웅~' 스컹크가 내뿜는 노르스름한 가스 같은 액체, 일명 방귀탄은 장에서 만들어져 나오는 일반적인 방귀와는 다릅니다. 정확히 말하면 항문이 아닌 그 옆에 있는 항문샘에서 나오는 것인데요, 이 방귀탄의 진액은 전방 3~4미터까지 발사되며 직접 눈에 들어가면 약 1~2분 동안은 앞을 볼 수가 없을 뿐더러, 그 냄새는 자그마치 1킬로미터까지 퍼져 나갈 정도로 강력합니다. 주변의 나무나 돌멩이에도 그 냄새가 배어 한동안 빠지지 않을 정도이니만큼, 일단 방귀탄의 뜨거운 맛을 알게 된 동물들은 함부로 스컹크에게 접근하지 않는다고 합니다. 이 사실을 잘 알고 있는 스컹크는 웬 만한 동물과 대면해도 도망가려 하지 않는다구요. 아참, 정작 당사자인 스컹크는 자

신의 방귀탄에 별로 자극을 받지 않습니다. 고약한 냄새 하나로 세
상을 제패했다 해도 과언이 아니겠죠? 자, 이제 집에서 가족 중 누
군가가 방귀 좀 꼈다고 해서 면박을 주거나 하지 말자구요. 스컹크
방귀에 비하면 사람의 방귀는 그냥 구수한 향기 정도라고 볼 수 있
으니까.

스컹크 방귀로 만든 무기?

최근 뉴질랜드의 과학자들이 스컹크 방귀를 이용한 호신용 무기를 내놓았
습니다. 야외에서 원치 않는 고양이나 개가 접근하는 것을 막기 위해 스컹
크의 고약한 냄새를 풍기는 스프레이를 발명한 것인데요, 물리학자 앤드
류 라키치가 개발한 이 '스컹크총(SkunkShot)'은 튜브 1개당 200평방미터의
면적에 퍼지고 그 냄새가 3주일간이나 지속된다고 합니다. 요즘같이 밤길
다니기 무서운 세상에, 바바리맨을 만나면 스컹크 방귀탄을 날려 주는 것
도 좋은 방법일 듯하죠? 일단 방귀탄을 맞으면 3주 정도는 냄새를 달고 다
닐 테니, 경찰은 말 그대로 구린 내가 나는 놈을 잡으면 될 테고 말입니다.

언젠가 몹쓸 사람에게 납치를 당할 뻔한 한 여성이 기지를 발휘해 위험을 모면했다는 기사를 본 적 있습니다. 내용인 즉, "부모님이 위독해 병원에 가는 중이니, 마지막 가시는 순간만 뵙고 돌아오겠다."라고 거짓말을 했다는 것이지요. 늘 거짓말을 일삼는다면 양치기 소년 꼴이 나겠지만, 이런 위험천만하고 급박한 순간에는 거짓말도 매우 유용한 자기 방어 수단이 되는 것 같습니다. 동물들도 거짓말이나 속임수를 쓸까요?

죽은 척하는 주머니 쥐

미국 속어로 '죽은 척하다'를 뜻하는 'Playing opossum'은 주머니쥐(opossum)의 재미난 행동에서 유래된 말입니다. 주머니쥐는 아메리카 대륙에 사는 유일한 유대류로, 쥐 크기에서 고양이 크기까지 몸 크기가 다양하며 유선형의 몸에 긴 꼬리를 가지고 있습니다. 낮에는 나무 구멍 등에서 쉬고 주로 밤에 활동하는데요, 적을 만나면, 처음에는 나름대로 이빨도 갈고 사나운 소리를 내며 상대를 위협하지만 상황이 여의치 않다고 판단될 때면 갑자기 팩 쓰러져 죽은 척을 합니다. 물론 진짜 실신한 것이 아니라 '연기'를 하는 것인데, 그 연기가 어찌나 리얼한지 영락없이 '진짜 죽었다!' 싶을 정도라구요. 입을 벌려 혀까지 빼물고, 항문샘에서는 녹색 액체를 배출해 시체 썩는 냄새까지 풍기며, 미심쩍어 하는 적이 물거나 발톱으로 움켜쥐더라도 절대 꼼짝하지 않습니다. 한참을 건드려 가며 주위를 맴돌던 적이 포기하고 자리를 뜨면 그제야 훌훌 털고 일어나는데, 무려 6시간 동안 아무것도 안 먹고 움직이지도 않은 채 '죽은 척'한 기록을 보유한 주머니쥐도 있다고 하네요. 겉으로 봐서는 진짜 죽은 것과 죽은 척하는 것이 전혀 분간이 안 된다고 하니 아카데미 연기 대상은 따 놓은 당상일 듯하죠?

곰 앞에서 죽은 척하면 진짜 죽는다?

이솝 우화 중에는 곰과 마주친 나그네가 죽은 척한 덕분에 목숨을 건졌다는 이야기가 있습니다. 주머니쥐와 같은 전략을 쓴 셈이죠. 그러나 호기심 많은 사람들이 동물원의 곰을 대상으로 실험해 본 결과, 실제 곰을 만났을 때 죽은 척했다가는 진짜 죽을 수도 있다는 결과가 나왔습니다. 곰 우리 안에 사람의 체취가 묻은 옷을 입힌 마네킹을 놓아두었더니 곰이 마네킹을 마구 부쉈다는 겁니다. 결국 주머니쥐의 전략은 곰을 만난 인간에겐 맞지 않는다는 이야기겠죠? 곰을 만나더라도 절대 주머니쥐를 따라하지는 마세요! 아, 그리고 곰을 만났을 때엔 절대 곰에게 등을 보여서도 안 됩니다. 곰에게 등을 보이는 것은 "나는 약해요."라고 소리치는 것과도 같거든요. 그리고 곰은 도망치는 것을 뒤쫓는 성향이 있어 100미터를 7초에 돌파하는 속도로 잽싸게 따라올 것이 분명하므로 뛰어 봐야 벼룩입니다. 곰과 마주쳤다면, 시선을 피하지 말고 곰의 움직임을 살피면서 침착하게 곰으로부터 멀어져야 합니다. 그래도 상황이 나아지지 않는다면 손을 크게 휘젓거나 높은 바위로(나무 말고) 올라가는 것이 좋고, 금속성 소리를 싫어하기 때문에 방울소리나 호각 등을 부는 것도 좋은 방법이라 하네요.

시체놀이의 원조 기절하는 염소

1880년대 테네시 주에서는 스트레스를 받으면 쓰러지는 염소들만을 선택적으로 교배하여 '기절하는 염소'를 만들어 냈습니다. 코요테나 늑대 등 육식 동물들이 농장까지 내려와 가축들을 잡아먹는 일이 잦아지자 가축들을 보호하기 위해 생각해 낸 방책이었지요. 늑대를 보고 놀란 염소가 기절하면 제일 먼저 늑대의 먹잇감이 될 것이고, 그동안 나머지 가축들이 줄행랑을 칠 시간을 벌 수 있으니까요. 이 염소들은 놀라거나 당황하면 순간적으로 근육이 경직되면서 그 자세 그대로 벌러덩 쓰러져 네 다리를 하늘로 향한 채 드러눕습니다. 그중에서 나이가 제법 있는 노련한 녀석들은 다리가 경직된 채 땅을 딛고 서 있는 자세를 유지하기도 한다는군요. 특이한 것은 기절 상태에서도 의식은 살아 있다고 합니다. 잠시 시간이 지나면 정상으로 돌아오는데, 어찌나 예민한지 근처에서 자동차 엔진 소리나 우산 펼치는 소리만 나도 집단으로 졸도를 했다고 하네요. 심지어 밥을 주러 오는 주인 발자국 소리만 들려도 기절을 했다고 하니, 참, 이 염소들에게서 우유 한 통이나 얻을 수 있었을지 걱정되죠?

사랑받는 가축, 염소

야생염소가 인간의 삶에 들어와 지금처럼 없어서는 안 될 중요한 가축으로 자리를 잡은 것은 약 8000년 전의 일입니다. 염소는 우유와 고기뿐만 아니라 긴 양모질의 털과 멋있는 뿔까지도 제공하기 때문에 오랜 세월, 세계 여러 곳에서 가축으로 사랑받아 왔죠. 남극을 제외한 전 지구상에서 볼 수 있을 만큼 다양한 기후와 환경에서 생활할 수 있는 것도 이들이 가축으로 각광받는 이유 중 하나입니다. 어느 지역에 사느냐, 무엇을 위해 기르느냐에 따라 생김새나 털색도 다양한데 그중에도 흑염소는 한국에만 있는 토종 염소랍니다.

다친 척하는 물떼새

약한 척, 다친 척 굴어서 상대방을 속이는 동물도 있습니다. 해안이나 갯벌, 하천 등 물가에서 사는 물떼새들은 높은 나무 위가 아닌, 땅 위, 즉 자갈밭이나 모래밭에다 둥지를 만들고 그곳에다 알을 낳습니다. 알은 색깔이나 무늬가 교묘하게 주변 자갈이나 흙 색깔과 닮아 있어서 언뜻 보아서는 눈에 잘 띄지 않으며, 새끼들도 알에서 깬 후 약간의 시간만 지나면 스스로 둥지 밖으로 걸어 나와 돌아다닐 수 있습니다. 그렇다 하더라도 연약한 새끼들은 언제, 어디서 포식자의 밥이 될지 모르기 때문에 어미 새는 24시간 레이더망을 펼치고 감시를 게을리 하지 않습니다. 만일 알이나, 태어난 지 얼마 안 된 어린 새끼를 품고 있는데 근처에 고양이나 여우 같은 포식자가 떴다, 그러면 어미 새는 어떻게 할까요? 알을 물고 도망갈 수도 없고, 제대로 날지도 못하는 새끼들을 갑자기 날게 할 수도 없고, 그렇다고 혼자만 살겠다고 버려두고 나 몰라라 도망갈 수도 없고. 제일 중요한 것은 둥지의 위치를 포식자에게 발각당하지 않는 일입니다. 일단 어미 새는 둥지에서 되도록 멀리 떨어진 곳으로 날아가 포식자를 유인합니다. "삐~ 삐~" 하고 어딘가 아픈 듯한 울음소리를 내기도 하고, 날개가 부러져 날지 못하는 시늉을 해서 포식자로 하여금 자신에게 시선을 고정시키도록 만드는 것이죠. 그리고 이게 웬 횡재야 하고 포식자가 다가오면 다친 척을 하며 점점 더 둥지에서 멀어지다 잽싸게 날아올라 몸을 피합니다. 어떨 때는 진짜 둥지에서 멀리 떨어진 곳에다 가짜 둥지를 만들어 놓고 알을 품고 있는 척하기도 한다네요.

하늘의 보금자리, 땅의 보금자리

새들에 따라 땅 위에다 둥지를 만들기도 하고, 나무 위나 절벽 등 높은 곳에다 둥지를 만들기도 합니다. 바닥에 둥지를 만드는 새의 경우에는 대개 알의 색깔이 짙고 단단한 편인데, 강렬한 햇볕과 천적으로부터 알을 보호하기 위해서입니다. 물떼새의 알은 자갈 색깔과 거의 흡사해서 강가를 걷던 사람들이 미처 알을 보지 못하고 그냥 밟고 지나칠 정도라구요. 그리고 높은 곳에 있는 둥지에서는 새끼들이 일정 시간 간격을 두고 부화하며, 알에서 깨어난 이후로도 한동안은 앞도 못 보고, 걷지도 날지도 못하는 반면, 바닥에 있는 둥지에서는 새끼들이 한꺼번에 부화하여 알에서 깨자마자 얼마 지나지 않아 서둘러 둥지를 떠납니다. 바닥에 그대로 있다가는 언제 천적의 밥이 될지 모르니까요.

거짓말의 달인 침팬지

아예 대 놓고 거짓말을 하는 동물도 있습니다. 침팬지 엄마라 불리며 1960년대부터 아프리카 밀림에서 침팬지들을 관찰해 온 제인 구달의 경험담을 들어볼까요. 어느 날, 제인 구달은 한 침팬지에게 혼자서는 다 못 먹을 만큼의 많은 바나나를 줘 보았습니다. 그랬더니, 그 침팬지는 바나나를 자기만 아는 곳에다 숨겨 놓고 다른 침팬지들 몰래 조금씩 조금씩 꺼내 먹었다고 합니다. 다른 침팬지들이 바나나의 행방을 묻는 듯 아우성을 치자, 그 녀석은 어떻게 했을까요? 바나나를 숨겨 놓은 장소를 알려 줬을까요? 아니오, 오히려 바나나를 숨겨 놓은 곳과 정반대쪽을 손가락으로 가리켜서 친구들을 속였답니다.

뉴욕 주립 대학교의 멘젤 박사도 비슷한 실험을 했어요. 넓은 지역의 한 곳에다 먹이를 숨겨 놓은 뒤 침팬지 무리 중 한 마리에게만 그 장소를 보여 주었죠. 그러자, 먹이의 위치를 아는 유일한 침팬지는 자기보다 서열이 높은 침팬지들이 가까이 있을 때에는 먹이 근처에도 가지 않았습니다. 심지어는 쳐다보지도 않았다고 합니다. 힘센 녀석들이 먹이가 있는 곳을 알았다가는 국물도 없으리라는 사실을 잘 알고 있었던 거겠죠.

침팬지는 인간과 얼마나 가까울까?

아프리카의 숲과 사바나 지대에서 살아가는 침팬지는 일단 생김새로 보아도 고릴라나 오랑우탄 등 다른 영장류보다 더 우리 인간과 닮았습니다. 침팬지 유전자의 약 98퍼센트가 우리 인간의 유전자와 같다는 사실이 알려졌을 때 사람들은 깜짝 놀랐습니다. 아니, 침팬지와 우리가 고작 2퍼센트밖에 차이가 나지 않는단 말이더냐. 그래서 세계적인 석학 제레드 다이아몬드는 우리 인간을 침팬지, 보노보와 함께 제3의 침팬지라 불러야 한다고 했죠. 실제로 행동을 비교해 보아도, 침팬지는 우리와 닮은 구석이 많습니다. 도구를 사용하고, 무리를 지어 사냥하며, 옆 동네 무리들과 패싸움을 벌이고, 정치를 하는 등, 연구자들에 의해 침팬지의 행동이 알려지면 알려질수록 그들이 우리와 얼마나 가까운 친척인지를 새삼 깨닫게 됩니다.

결국 빨개진 붉은 원숭이

원숭이도 나무에서 떨어진다는 말이 있죠. 누구든지 실수를 할 수 있다는 의미를 담은 속담인데요, 그런데 실제로 나무 타기의 귀재인 원숭이도 나무에서 떨어지는 실수를 할까요? 또 나무에서 떨어지면 실수를 한 사람이 그렇듯이 부끄러워하거나 당황해 할까요? 제인 구달은 6살 된 침팬지 프로이트가 나무에서 떨어졌을 때의 이야기를 들려주며 "야생 침팬지도 수치심을 느끼거나 당황하는 듯한 감정을 표현한다."고 말했습니다. 우두머리 수컷 피간이 갓 태어난 새끼 피피의 털을 다듬어 주고 있을 때였어요. 갑자기 프로이트가 그 앞에서 요란하게 여기저기 뛰어다니고 나뭇가지를 잡고 흔드는 등의 과시 행동을 하기 시작했습니다. 나뭇가지 위로 올라가 한참을 까불던 프로이트는 그러나 가지가 뚝 하고 부러지는 바람에 풀숲 아래로 곤두박질을 치고 말았습니다. 그야말로 '나무에서 떨어진 원숭이 꼴'이 된 것이죠. 벌떡 일어난 프로이트가 가장 먼저 보인 행동은 무엇이었을까요? 바로 피간을 쳐다보는 것이었습니다. 그러고는 아무 일도 없었다는 듯 슬그머니 어디론가 가 버리더랍니다.

하버드 대학교의 마크 하우저 교수도 붉은원숭이들을 관찰하다가 비슷한 사례를 발견했습니다. 암컷과 짝짓기를 마친 후 의기양양

하게 걸어가던 수컷 한 마리가 발을 헛디뎌 도랑 아래로 빠졌습니다. 그 수컷은 벌떡 일어나기가 무섭게 주변을 두리번거리며 자기를 본 원숭이가 있는지부터 살폈습니다. 주위에 아무도 없다는 것이 확인되고 나서야 다시 당당하게 머리와 꼬리를 추켜세우고 걸어갔다죠. 누구나 한번쯤 이와 비슷한 경험을 한 적이 있을 텐데요, 대로 한복판에서 돌부리에 걸려 꽈당 하고 넘어지거나 전철역 계단에서 스텝이 꼬여 앞으로 꼬꾸라진 경험 말이죠. 일단은 빛의 속도로 벌떡 일어납니다. 그리고 주위를 슬쩍 곁눈질로 쳐다보고는 누구 본 사람이 있나 없나 확인에 들어가지요. 사실 이 순간만큼은 다친 것보다 창피한 게 더 중요하지 않나요?

붉은원숭이는 얼굴이 빨개?

동남아시아의 숲 지대에서 무리 지어 살고 있는 붉은원숭이는, 붉은빛이 도는 갈색 털에 술에 취한 듯, 부끄러운 듯 발그레한 분홍색 얼굴을 하고 있습니다. 나무 열매나 씨앗, 곤충 등 가리는 것 없이 잘 먹는 잡식성인데, 일단 먹을 것이 눈에 띄면 입 안의 볼 주머니 속에다 마구 채운 다음 바위나 나무 그늘 등 안전한 장소에 가서 먹는 습성이 있습니다. 매우 영리하고 대담해서 타이나 인도네시아 등지에서는 도시 한복판에서 사람들의 손에 들려 있는 음식을 약탈하는 행동도 서슴지 않는다고 하네요.

친구와 수다를 떨다가 "나 요즘 군만두 중독 같아. 매일 안 먹곤 못 견디겠어!"라는 말을 내뱉고는 한참을 웃었습니다. 사실 중독이란 단어는 굉장히 섬뜩한 말입니다. 19세기에 알코올 중독을 통해 처음 등장한 중독은 당시만 해도 그리 흔한 현상이 아니었지만 현대 사회로 들어오면서 전문적인 치료를 요할 만큼 사회적으로도 심각한 문제가 되고 있습니다. 알코올 중독, 약물 중독에서부터 쇼핑 중독, 성형 중독, 게임 중독까지, 심하면 자기 자신은 물론 한 가족, 더 나아가서는 전체 사회마저 병들게 하는 중독 현상. 과연 동물 세계에서도 찾아볼 수 있을까요?

술주정 부리는 사바나 원숭이

얼마 전, 영업이 끝난 술집에 몰래 들어가 밤새 술을 마시던 도둑이 취기로 곯아떨어지는 통에 도망도 못 가고 현행범으로 붙잡혔다는 뉴스가 있었습니다. 도대체 술이 뭐기에!

오래전 노예들과 함께 카리브 해 세인트키츠 섬에 유입된 사바나 원숭이들은 버려진 사탕수수가 술이 된다는 사실을 알게 되었습니다. 이 녀석들이 어찌나 술을 좋아하는지, 현지인들이 이 녀석들을 잡을 때면 술을 미끼로 쓸 정도라고 하네요. 언젠가부터는 애써 버려진 사탕수수를 찾아다닐 필요도 없어졌습니다. 이곳이 유명한 관광지가 되면서 해변에 잔뜩 늘어선 술집을 털거나 일광욕 중인 관광객들의 술을 훔쳐 먹게 된 것이죠. 흥미로운 점은, 술은 절대 입에도 안 대고 과일 및 탄산음료만 먹는 녀석들이 전체 원숭이의 15퍼센트, 하루 24시간을 완전히 고주망태로 사는 녀석들이 전체의 5퍼센트인데, 이 비율이 인간 세계에서와 비슷하다는 사실입니다. 술에 취한 녀석들은 물건을 집어던지거나 뒤집어엎으며 난동을 부리기도 하고 괜히 다른 원숭이에게 시비를 걸어 싸움질을 하는 등 그야말로 술주정을 부립니다. 남아메리카 대륙에 사는 거미원숭이도 발효된 과일을 먹고 취해서 난폭해지거나 웃고 떠들고 소리를 지르다가 인사불성이 되기도 한다는군요.

알코올 중독자 비둘기?

곡물이나 열매 속에 들어 있는 당 성분이 발효 과정을 겪으면서 만들어지는 것이 알코올, 즉 술입니다. 조건만 맞으면 자연적으로 만들어지기 때문에 동물들 중에서도 이러한 알코올을 즐겨 섭취하는 녀석들이 간혹 발견이 되는 것이죠. 석유 정제 기지로 유명한 뉴질랜드의 항구 도시 황거레이에서도 술에 취한 비둘기들이 때로 등장하여 웃지 못할 에피소드를 연출한 적이 있습니다. 길바닥에서 비틀대다가 고양이나 개의 공격을 받기도 하고, 방향 감각을 잃은 채 주택가 창문으로 돌진했다 기절하거나, 나뭇가지 아래로 떨어져 부상을 입고, 비틀비틀 갈지자걸음으로 숲 속을 돌아다니는 등 전형적인 알코올 중독 증세를 보였습니다. 조사 결과, 겨울철을 맞아 산에서 먹이를 구하기 어렵게 된 비둘기들이 마을로 내려와 구아바 등 열매가 발효된 천연 과일주를 먹고 알코올에 중독된 것으로 밝혀졌습니다. 다행히 이들은 구조 센터에서 며칠 동안 보호받으며 많은 양의 물과 유동식을 먹는 등 '해장'을 한 후 숲으로 돌아갔다고 하네요.

음주 비행 단속하는 벌

생물학자 마틴 브룩스는 초파리도 술에 취하면 인간과 똑같이 술주정을 부린다고 했습니다. 첫 단계는 행복감에 넘쳐 소란스러워지는 상태로 침착성을 잃고 과잉 행동을 보이죠. 그 다음에는 몸을 제대로 가누지 못해 똑바로 걷지도 날지도 못한다구요. 마지막으로 의식을 잃은 상태가 오는데, 이때쯤이면 포식자(파리채를 포함해)에게 목숨을 잃기 십상입니다.

거대한 사회 체계를 이루고 사는 벌은 꽃의 꿀도 좋아하지만, 달콤한 보리수나무 수액도 좋아합니다. 재미있는 것은 이 수액은 금방 발효되어 알코올 농도 6퍼센트에 해당하는 술로 변한다는 점입니다. 보리수나무 수액을 너무 많이 마신 벌들은 집으로 돌아가는 길을 잃기도 하고, 날다가 기절해서 철퍼덕 땅에 떨어지기도 하는 등 술 취한 사람마냥 방향 감각을 상실한 채 갈팡질팡 갈지자로 겨우 날아다닙니다. 집까지 무사히 귀환했다 하더라도 입구에서 보초를 서고 있는 경비 벌에게 걸리면 바로 벌집 밖으로 쫓겨납니다. 경비 벌은 전체 무리를 지키기 위해 알코올에 절어 있는 벌들을 거칠게 다루고, 심하면 다리를 물어뜯어 버리기도 합니다. 그럼에도 불구하고 알코올의 유혹이란 어찌나 강력한지! 정신 못 차리고 되풀이되는 음주 행각에 다리가 몇 개밖에 안 남은 녀석들도 꽤 많다고 하네요. 벌들의 세계에서도 술주정뱅이들은 환영받지 못하는 것 같죠?

꿀벌의 사회 체계

꿀벌의 사회는 한 마리의 여왕벌과 몇 마리의 수벌, 덜 발달된 암컷인 일벌로 구성됩니다. 여왕벌은 벌집 중앙에서 계속 알을 낳고,(하루 100개 이상 많게는 2,000개까지) 일벌은 벌집을 청소하거나 보수하는 일, 새끼를 키우고 돌보는 일, 파수병 역할, 꿀이나 꽃가루의 채집 및 저장 등 거의 모든 일을 합니다. 일벌은 독침을 가지고 있고 뒷다리에는 꽃가루를 옮길 수 있는 작은 바구니도 있습니다. 수벌은 여왕벌과 짝을 짓고 수정하는 일을 하는데요, 그 외에는 별달리 하는 일이 없습니다.

고양이들의 마약, 개박하

고양이를 길러 본 사람이라면, 누구나 아는 마약이 하나 있죠. 바로 개박하입니다. 고양이를 비롯한 사자, 퓨마, 스라소니 등은 이미 오래전부터 이 개박하를 뜯어 먹고 '뿅~' 가는 방법을 터득했습니다. 개박하를 먹은 고양이들은 황홀경에 빠진 듯하기도 하고, 무의식 상태인 듯 보이기도 하는데요, 중간 중간 눈에 보이지 않는 무언가와 장난을 치거나 쫓고 쫓기는 듯한 행동을 보이기도 합니다. 이러한 광적인 흥분 상태는 10분쯤 지나면 자연히 가라앉고 후유증도 없으며 중독성도 없다고 하네요.

다른 고양잇과 동물인 재규어는 토한 후에 장 청소를 위해 야제 덩굴잎이나 아야후아스카 덩굴잎을 먹습니다. 이 잎들을 먹고 나면 평소에는 카리스마 넘치던 재규어도 벌러덩 드러누워서는 네 다리를 허우적대는 흐트러진 모습을 보입니다. 눈동자는 초점이 없긴 하지만 무언가를 뚫어지듯 쳐다보고 있는 것 같기도 한데요, 약리학자 로널드 시걸은 실제 이 식물이 시각을 비롯한 여러 감각 기관을 강화시켜 주기 때문에 재규어가 일부러 이 식물을 사용한다고 했습니다. 아마존의 투카노 인디언들은 이 식물을 먹으면 재규어의 눈을 갖게 된다고 믿어서 사냥을 하거나 무속 의식을 할 때 이 풀을 먹습니다.

CATS

다리 짧은 사냥꾼 재규어

아프리카 대륙에 표범이 있다면 아메리카 대륙에는 재규어가 있습니다. 미국과 멕시코의 경계에서부터 남쪽으로 아르헨티나의 파타고니아에 이르기까지 주로 늪과 밀림에서 생활하는 재규어는 표범과 매우 비슷하게 생겼지만 몸무게가 더 나가고, 그리고, 그리고, 다리가 더 짧습니다! 이러한 신체적 한계로 인해 재규어는 뛰어서 먹이를 잡기 보다는 주로 숨어 있다가 몰래 다가가 잡아먹는 전략을 취합니다. 그러나 나무도 잘 타고 헤엄도 잘 치기 때문에 가끔 아마존 강에서 악어를 잡아먹는 광경이 목격되기도 한다구요. 주로 밤에 활동하고, 홀로 생활하기 때문에 고독한 사냥꾼으로 알려져 있습니다.

독버섯에 중독된 루돌프 사슴

야생순록 중 일부는 독버섯의 일종인 광대버섯을 즐겨 먹습니다. 얼마나 좋아하는지 꽁꽁 언 눈 더미를 발굽으로 파헤쳐서라도 반드시 찾아 먹을 정도라고 하네요. 이 버섯을 먹은 순록들은 머리를 흔들면서 미친 듯이 달리는 등 이상 행동을 보이는데요, 일종의 환각 상태라고나 할까요. 시베리아에서는 일부러 이런 증상을 보이는 순록을 잡아먹거나 순록의 소변을 받아 먹고 환각 상태에 빠지는 것을 즐기는 사람들도 있습니다. 산타클로스 마을이 있는 핀란드의 최북단, 라플란드의 순록 유목민인 라프족들도 옛부터 광대버섯의 효능(?)을 알고 있어서 무당들이 특별한 의식을 치를 때 이 버섯을 직접 먹거나 순록의 소변을 받아 먹었다고 합니다. 광대버섯을 먹으면 감각이 예민해지고 공중에 붕 떠서 하늘을 나는 듯한 느낌이 든다라나 뭐라나. 어떤 학자들은 이 버섯을 먹고 환상을 체험한 라프족 사람들의 이야기가 미국으로 건너가 루돌프 사슴(정확히는 순록)을 타고 하늘을 날아다니는 산타클로스의 이야기로 둔갑했다는 가설을 내놓았습니다. 글쎄요, 환각과 산타클로스라……, 왠지 어울리는 것 같기도 하고 왠지 안 어울리는 것 같기도 하죠?

독버섯은 어떻게 구분할까?

인간에게 해로운 독버섯은 70~80종에 이르는데, 그중에서도 중독을 일으키는 가장 흔한 종류가 바로 광대버섯류입니다. 무스카린을 비롯한 독성 물질들을 함유하고 있는 광대버섯을 먹으면 온몸에 열이 나고 호흡이 곤란해지면서, 구토와 설사를 하게 됩니다. 심하면 혼수상태에 이르는데 이 경우 50퍼센트 이상이 사망하게 된다고 하네요. 대개 독버섯은 지나칠 정도로 화려합니다. 너무 화려하고 예뻐서 보고 있으면 손이 절로 가게 된다고나 할까요. 그러나 독버섯 중에는 그리 예쁘지 않고 그저 그런 평범한 버섯처럼 생긴 것도 있으니, 되도록이면 산에 가더라도 아무 버섯이나 먹지 않도록 주의해야 합니다.

힘 = 커피 = 염소?

시험이 코앞으로 다가왔습니다. 아직도 공부해야 할 양은 태산인데 졸음은 쏟아지고, 커피를 대접으로 마시며 벌건 눈으로 밤을 지새우는 수밖에 없죠, 뭐. 현대 생활 백서 중 빼놓을 수 없는 커피는 언제 어디에서 유래된 것일까요? 6~8세기경, 아비시니아의 목동 칼디는 언젠가부터 자신의 염소들 중 몇 마리가 유독 활기에 넘쳐 펄쩍펄쩍 뛰어다니는가 하면 심지어 밤에도 잠을 안 자고 돌아다닌다는 사실을 알아차렸습니다. 유심히 지켜보니 이 염소들은 평소에는 잘 먹지 않던 붉은 열매를 먹고 있었습니다. 호기심이 인 칼디는 직접 이 열매를 먹어 보았는데요, 가벼운 흥분 상태가 오면서 묘하게 기분이 좋아지는 게 아니겠어요? 너무 신기했던 칼디는 한 수도사에게 자초지종과 함께 열매를 소개했고 이 열매로 차를 만들어 마신 수도사들은 기분이 유쾌해지는 것은 물론 밤새워 계속되는 기도 의식 중에 더 이상 졸지 않게 되었습니다. 졸지 않은 수도원이란 소문이 각지로 퍼져 나가면서 이 열매도 함께 유명해지게 되었는데, 이것이 바로 커피입니다. 커피는 아랍어로 카파(caffa), 힘을 뜻하는데, 열매 속에 든 카페인이 흥분을 유발하여 힘이 철철 넘치는 듯한 느낌을 갖게 하기 때문입니다.

코카인도 마찬가지입니다. 코카인은 최소한 기원전 5000년 전부

터 사람들에게 이용된 것으로 추정되는데, 어느 날 라마 몇 마리가
먼 거리도 지치지 않고 이동하는 모습에 의문을 가졌던 페루인들
에 의해 처음 발견되었습니다. 그 라마들이 코카인의 주원료인 코
카(coca)라는 식물의 잎을 계속 씹고 있었던 거죠. 코카인은 소량을
먹으면 식욕 감퇴, 피로 회복, 각성 효과가 커져 쾌감을 느끼게 되지
만 다량 혹은 지속적인 복용은 여러 부작용을 가져옴은 물론 죽음
에까지 이르게 되는 마약입니다.

동물로 보는 마약의 부작용

1995년 미국 항공 우주국에서는 거미들에게 마리화나, 카페인, 벤제드린
등의 약물을 투약한 후 집을 짓게 하는 실험을 하였습니다. 결과는 그야말
로 가관이었습니다. 잠이 들어 시작도 못 하는 녀석이 있는가 하면, 속도는
굉장히 빨라도 판단력이 흐려졌는지 겨우 줄 몇 개만 이어 놓고 마는 녀석
도 있었습니다. 그 외에도 중간에 구멍이 뻥 뚫렸거나, 아예 절반이 없는
등 엉성하기 짝이 없는 거미줄도 있었습니다. 마약을 복용한 사람에게 건
물을 지으라고 한 것과 똑같은 셈이니, 당연한 결과 아니겠어요?

인도의 코끼리 사육사들은 코끼리들이 아프면 숲으로 데려
갑니다. 코끼리들은 자신에게 필요한 약초와 식물을 스스
로 찾아 먹기 때문이지요. 동물들은 먹이의 독성을 중화시
키기 위해 다른 무언가를 함께 먹기도 하고, 또 몸이 아플 때
는 스스로 치료를 하기도 합니다. 사실 인간이 약초를 사용
하게 된 것도 병든 동물이 특정 식물을 먹고 완쾌된 것을 목
격하면서부터라고 하네요. 그래서 약초나 식물의 이름 중
에는 개밀, 토끼상추, 개박하 등 그것을 먹는 동물의 이름에
서 유래된 것이 많습니다.

흙을 먹는 고릴라

학자들은 흙이나 점토가 각종 미네랄을 함유하고 있음은 물론 유독 물질을 중화시켜 복통 및 설사에 좋다는 사실을 발견했습니다. 인간도 최소 4만 년 전부터 흙을 먹었다는 증거가 있구요, 제인 구달, 비루테 갈디카스와 함께 영장류 연구에서 중요한 역할을 한 다이앤 포시는 르완다의 비룽가 산맥에 사는 마운틴고릴라들이 일부러 맛없는 화산암 가루를 찾아 먹는다는 사실을 발견했습니다. 화산암 가루 속에는 철분이 풍부하게 들어 있어 빈혈 치료에 특효약이었던 것이죠.

숯을 먹는 동물들도 있습니다. 숯은 영양적인 가치는 거의 없지만 자기 무게보다 200배나 많은 유독 물질을 흡수할 수 있기 때문에 온갖 세균과 악취를 빨아들이고 해독 작용을 하는 '천연 청정제' 역할을 합니다. 우리 인간도 새집 증후군에서 하루라도 빨리 벗어나고픈 마음에 새 집이나 새 건물로 이사를 가게 되면 한동안 구석구석에 숯을 놓아두곤 하죠. 물론 동물들처럼 직접 먹지는 않지만 말입니다. 야생 동물들은 벼락을 맞은 나무나 산불이 발생한 곳으로 몰려가 숯을 먹습니다. 심지어 아프리카의 잔지바르붉은콜로부스는 원주민의 집안까지 잠입해 화로에서 숯을 훔쳐 가고, 곰베의 침팬지도 어부의 오두막에서 재를 훔쳐 먹는다고 하니 이들도 숯의 효능을 제대로 알고 있나 봅니다.

비운의 여전사 다이앤 포시

인간과 가장 가까운 3대 유인원인 침팬지, 오랑우탄, 고릴라를 세상에 널리 알린 인물들은 모두 여성이었습니다. 침팬지는 제인 구달, 오랑우탄은 비루테 갈디카스, 고릴라는 다이앤 포시. 그중에서도 다이앤 포시는 유인원을 위해 가장 열정적이고 헌신적인 삶을 살다 간 사람입니다. 아프리카 르완다의 밀림에서 18년 동안 고릴라들과 함께 지내며 그들을 연구하였고, 무분별한 밀렵으로부터 고릴라들을 보호하기 위해 애쓰다 결국 밀렵꾼들의 손에 살해당했죠. 그녀의 몸을 아끼지 않는 고릴라 사랑이 있었기에 지금까지도 고릴라들이 야생에서 살아갈 수 있는 것이 아닐까요.

회충약 먹는 침팬지

생태학자 H. T. 더블린 박사는 케냐의 차보 국립공원에서 출산을 앞둔 코끼리를 관찰하다가 놀라운 사실을 발견했습니다. 암코끼리가 일부러 먼 들판까지 나가더니 평소에는 먹지 않던 지칫과에 속하는 작은 나무를 그루터기만 남긴 채 몽땅 먹어 치운 것입니다. 암코끼리는 며칠 후 건강한 새끼를 순산했는데요, 연구 결과 그 나무의 잎과 껍질에는 자궁 수축을 촉진하는 성분이 있어 분만 시에 큰 도움을 준다고 합니다. 케냐 여인들도 오래전부터 분만 및 낙태를 유도할 때 그 나무의 잎과 껍질을 끓여 마셨다고 하네요.

침팬지는 30종이 넘는 약초를 사용하는 것으로 알려져 있습니다. 곰베 국립공원에서는 침팬지들이 아스필리아 잎을 먹는 것이 자주 목격되는데 이 풀은 맛도 쓰고 영양가도 없지만, 잎 표면에 거칠고 날카로운 잔가시가 있어서 장내 기생충을 붙잡아 몸 밖으로 빼내는 역할을 합니다. 일종의 회충약인 셈이지요. 회충약 구실을 제대로 하기 위해서는 잎의 잔털이 상하지 않게끔 삼켜야 하는데, 놀랍게도 침팬지들은 이 잎을 둥글게 말아 입에 넣은 후 씹지 않고 그대로 꿀꺽 삼킵니다. 또 비비 암컷은 생리 중일 때 칸델라브라 잎을 먹는데 안에 진통제 성분이 있어 생리통을 줄일 수 있다고 합니다.

동물의 둥지나 굴은 기생충 및 병원균의 온상입니다. 갓 태어난 어린 새끼 들에게는 매우 치명적인 환경인 셈이죠. 이런 세균이나 이, 진드기 등으로 부터 새끼들을 보호하기 위해 많은 동물들이 특정 식물을 물고 와 보금자 리에 늘어놓습니다. 찌르레기는 새끼들의 면역 체계를 향상시키기 위해 냄새가 강한 특정 약초들을 둥지에 가져다 놓습니다. 일종의 아로마 요법 인 셈인데요, 이 요법을 쓰면 새끼들의 첫해 생존율이 두 배까지 증가한다 고 하네요.

개미로 목욕하는 까마귀

유럽에 사는 떼까마귀는 때때로 개미집을 공격합니다. 양 날개를 쫙악 편 채 수십, 수백 마리의 개미 떼로 하여금 자신의 날개를 덮치게 하거나 개미를 직접 부리에 물고 날개 밑을 공들여 닦기도 하죠. 의욕(蟻浴, Anting)이라 불리는 이 행동은, 동물행동학의 10대 불가사의 중 하나라고 일컬어질 만큼 그 이유에 대해 의견이 분분합니다. 개미가 공격하면서 내뿜는 포름산을 이용해 진드기나 기생충도 죽이고 깃털도 손질한다는 설, 쾌감을 느끼기 위해서라는 설 등이 있습니다. 떼까마귀뿐만 아니라 참새목의 일부, 앵무새, 딱따구리, 아메리카수리부엉이 등을 비롯해 250여 종이 넘는 새들이 개미 목욕을 즐긴다네요.

한편, 새들은 연기로 목욕을 하기도 하고, 불 목욕, 모래 목욕을 하기도 합니다. 찌르레기나 까마귀들이 연기가 뿜어져 나오는 굴뚝 위에 날개를 펼친 채 앉아 있는 모습이 종종 발견되곤 하는데, 심지어는 아예 담뱃불이나 화로의 불씨를 물고 달아나는 모습도 관찰이 되었습니다. 모리스 버튼 박사는 자신이 기르던 떼까마귀가 불타고 있는 지푸라기 속으로 들어가 불 목욕을 하는 동안 부리로 능숙하게 불꽃을 다루는 모습을 본 뒤로 '불사조(Phoenix, 전설에 따르면 불사조는 죽을 때가 가까워지면 향기 나는 나뭇가지로 둥지를 틀고 거기에 불을 붙여 타 죽습니다. 그러면 거기서 새로운 불사조가 탄생한다구요.)'의 전설이 탄생된 것

은 아닐까 추측하기도 합니다. 모래 목욕을 하는 동물로는 참새나 닭 등의 새뿐만 아니라 작고 귀여워서 많은 사람들에게 애완동물로 사랑받는 햄스터도 있습니다. 그 외에 말도 모래에서 뒹굴기를 좋아하고, 코끼리도 진흙에서 뒹굴거나 코를 이용해 온몸에 모래를 뿌리곤 합니다.

동물에게 목욕은 왜 중요할까?

그러고 보면, 동물들은 자기 몸을 깨끗이 치장하는 데 많은 시간을 보내는 것 같습니다. 원숭이들도 먹고 자는 시간을 제외한 나머지 시간의 대부분을 서로의 털을 골라 주는 데 보냅니다. 고양이나 개도 열심히 자기 털을 핥고, 새들도 깃털을 손질하는 데 많은 시간을 보내죠. 이렇게 시간과 정성을 들여 열심히 목욕을 해야 냄새도 나지 않고,(적에게 들키지 않으려면) 건강할 수 있으며,(털이 엉키면 피부병 등에 걸리기 쉽고 기생충이나 벼룩 등도 자리를 잡기 쉽습니다.) 제대로 활동(특히 물에 사는 새들은 꼬리 부분의 기름 샘에서 나오는 기름을 온몸에 발라 줘야 깃털이 물에 젖지 않습니다.)할 수 있습니다. 청결은 건강과 직결되는 만큼 우리도 목욕을 게을리 해선 안 되겠죠?

모기약 바르는 검은여우원숭이

열대 우림은 벌레들의 지상낙원과도 같습니다. 높은 온도, 적절한 습도, 이런 완벽한 곳에서 '알 까기'를 마다 할 벌레가 있을까요? 말라리아를 옮기는 모기를 비롯해 각종 기생충에 이르기까지 넘쳐나는 벌레 때문에 야생 동물도 걱정이 이만저만이 아니겠죠? 상황이 이러하자, 마다가스카르 섬에 사는 검은여우원숭이들은 말라리아를 예방할 목적으로 독을 뿜는 노래기류를 열심히 찾아다닙니다. 노래기를 양손에 붙잡은 채로 이빨로 살짝살짝 깨물어 화나게 만들면, 노래기는 청산가리를 포함한 맹독을 뿜어 대지요. 그러면 검은여우원숭이들은 이것을 입으로 빨아 온몸에 발라 댑니다. 모기를 비롯한 기생충을 방지하는 데 탁월한 효과를 지닌 이 노래기표 모기약은 안타깝게도 부작용이 있습니다. 일종의 마약 작용을 하기 때문에 이것을 삼키게 된 원숭이들은 거의 '뿅' 간 듯한 표정으로 높은 나무 위에서 이리 비틀 저리 비틀거리며 술 취한 마냥 눈동자가 획 풀린 채 입에서는 끊임없이 침을 질질 흘리다가 결국 쓰러져서 잠이 든답니다.

또 1998년 캘커타에 말라리아가 극성을 부렸을 때는 참새들이 극락조화 잎을 뜯어다 둥지에 늘어놓거나 직접 먹기도 했습니다. 이

잎에는 말라리아 특효약인 키니네가 풍부하게 들어 있다구요. 이 정도면, 명의 중의 명의라고 해도 손색이 없겠죠?

모기, 너 나빠!

말라리아는 모기에 의해 감염이 되는 질병이기 때문에 모기가 잘 살 수 있는 환경인 열대성 기후에서 자주 발생합니다. 우리나라 같은 온대 지방에서는 주로 여름에 반짝 하는데 약 2,700종류에 달하는 모기 중 아노펠레스, 아에데스, 쿨렉스 속의 모기, 그것도 암컷 모기가 말라리아를 옮깁니다.(수컷 모기는 피를 빨아 먹지 않습니다.) 이외에도 모기는 뇌염 등 수많은 질병을 유발하기 때문에 항상 주위에 모기가 들끓지 않도록 주의를 기울여야 합니다. 개나 고양이에서 잘 발생하는 심장 사상충증도 모기에 의해 전염이 되는 것으로 알려져 있습니다. 본인들이야 악한 마음을 품고서 그러는 게 아니지만 당하는 우리로서는 모기를 사랑하려야 사랑할 수 없는 게 당연지사 아닐까요? 미안하지만, 모기야, 너 나빠!

동물을 좋아하는 사람이라면 누구나 어릴 적 동물들과 대화를 나누는 두리틀 박사를 부러워한 적이 있을 것입니다. 말하자면 두리틀 박사는 2개 국어, 아니 몇백 개 동물어를 할 줄 아는 매우 다재다능한 통역관인 셈인데요, 정말 궁금하지 않나요? 동물들이 도대체 무슨 말을 하는지, 그리고 그 말이란 게 우리 인간들의 말과 얼마나 같은지 또 얼마나 다른지. 자, 이제 우리 모두 두리틀 박사가 되어 동물들이 하는 말들을 귀 기울여 들어볼까요.

춤추는 벌 노래하는 회색 기러기

오래전, 동물행동학자 카를 폰 프리슈는 과즙이나 꽃가루가 있는 곳을 찾은 꿀벌들이 벌집으로 돌아온 뒤 동료들 앞에서 원형이나 8자를 그리는 '춤'을 추어서 그 장소를 알린다는 사실을 밝혀냈습니다. 더 놀라운 것은 먹이가 있는 곳까지의 거리나 방향, 먹이의 종류나 질에 따라 춤이 조금씩 달라진다는 사실이었죠. 정찰을 나갔다 돌아온 꿀벌의 "서쪽으로 20미터 떨어진 곳에 꿀이 아주 많아!"라는 춤을 본 동료들은 잠시 후 먹이가 있는 곳을 정확히 찾아갔습니다. 실제로 독일 막스플랑크 연구소는 몇 해 전 꿀벌 로봇을 만들어 진짜 꿀벌들 앞에서 춤을 추게 했습니다. 그리고 춤으로 알려준 장소에 가서 기다렸더니 벌들이 그야말로 '벌 떼 같이' 그곳으로 날아왔다고 합니다.

또 다른 동물행동학자 콘라트 로렌츠는 수십 년 동안 회색기러기들과 함께 먹고 자고 생활한 결과 그들의 말을 터득하게 되었습니다. 그의 말에 따르면 회색기러기는 들판에서 풀줄기를 뜯을 때면 적어도 7음절 이상의 소리로 이루어진 노래를 부릅니다. "강강강강강강강"쯤으로 들리는 소리인데요, 대략 "우리는 여기에서 잘 지낸다. 이곳에는 먹을 것이 충분하다. 여기에 머물자."라는 뜻이라고 하네요. 6음절로 줄어들면 "풀줄기 한두 개를 뜯어 먹은 다음 천천히 앞으로 전진하자. 기어는 대략 1번에 두자."의 의미이며, 5음절의 경우는 "행진 속도를 높여 기어를 2번에 두자.", 4음절일 경우는 "속도는 3번 기어까지 높이고 고개는 앞으로 뻗는다.", 3음절일 경우는 "최대 행진 속도! 주의! 곧 비행이 시작될 수 있다." 라는 뜻입니다. 평생을 회색기러기 연구에 바친 결과, 콘라트 로렌츠는 그야말로 살아 있는 두리틀 박사가 될 수 있었던 거죠.

3인의 노벨상 수상자

1973년 노벨 생리·의학상은 동물의 세계를 이해하는 데 혁혁한 공을 세운 3명의 동물행동학자에게 돌아갔습니다. 바로 카를 폰 프리슈와 콘라트 로렌츠, 그리고 니콜라스 틴버겐입니다. 카를 폰 프리슈는 꿀벌의 언어에 대한 연구로, 콘라트 로렌츠와 니콜라스 틴버겐은 회색기러기의 알 굴리기 행동 연구로 노벨상을 수상하였습니다. 어미 기러기들은 둥지 밖으로 알이 굴러가면 알 위에 부리를 대고는 굴려서 다시 둥지로 가지고 오는 행동을 보입니다. 그런데 재미난 것은 어미가 열심히 알 굴리기를 하고 있을 때 슬쩍 부리 밑에 있는 알을 빼내 보면, 알이 없어졌음에도 어미 기러기는 하던 행동을 멈추지 않고 둥지에 닿을 때까지 계속 똑같은 행동을 반복한다는 것입니다.

표범이다! 도망가! 사바나 원숭이

아프리카 열대 초원에 살고 있는 사바나 원숭이는 포식자에 따라 다른 경고음을 냅니다. 일반인에게는 그저 똑같은 끽끽대는 소리로 들리지만, 로버트 세이파스 박사와 도로시 체니 박사는 경계해야 할 대상이 독수리냐 뱀이냐 표범이냐에 따라 경고음이 달라진다는 사실을 밝혀냈습니다. 포식자를 제일 처음 발견한 녀석이 경고음을 내면 그에 따라 무리 전체가 보이는 반응도 달라졌습니다. 혹시 무리 구성원들이 제일 먼저 경고음을 낸 원숭이의 행동을 단순히 모방하는 것일지도 모른다는 생각에, 연구팀은 각각의 울음소리를 녹음한 뒤 실제 위험이 없는 상황에서 테이프를 틀어 보았습니다. "표범이 나타났다!"에 해당하는 울음소리를 틀자 원숭이들은 일제히 가까운 나무 위로 올라가더니 나뭇가지의 끄트머리 쪽으로 도망갔으며, 독수리를 나타내는 울음소리에는 관목 숲 속으로 숨거나 나무 아래로 피한 뒤 하늘을 올려다보았고, 뱀을 경고하는 소리를 틀자 뒷발로 일어서서 땅바닥을 살펴보았습니다. 실제로 야생에서 동물을 촬영하는 다큐멘터리 작가나 사진작가들은 표범이나 치타를 찾고 싶을 때 사바나원숭이들 곁에 머물면서 이들의 비상 신호를 참고한다고 합니다.

프레리도그도 번갈아 가며 망을 보다가 천적이 나타나면 무리 동료들에게 경고음을 보내는데요, 콘 슬로보드치코프 박사는 이들의 울음소리도 독수리, 코요테, 인간 등 침입한 천적이 누구냐에 따라 모두 달라진다는 사실을 밝혀냈습니다. 심지어 총을 갖고 있는 인간이 나타났음을 알리는 소리도 따로 있다고 하는군요.

저마다 이름이 있는 돌고래 세계

무리를 이루고 사는 병코돌고래들은 개체마다 독특한 휘파람 소리를 내는데 이 소리로 상대가 누구인지를 구별해 낸다고 합니다. 우리가 각자 자신만의 서명을 가지고 있고 그래서 서류에 적힌 서명만 보고도 이게 누구의 것인지를 알 수 있듯, 돌고래들도 자신만의 서명 휘파람(signature whistle)이 있는 것이죠. 돌고래들은 2살 무렵이 되면 자신만의 독특한 휘파람 소리를 개발합니다. 친한 사이일수록 휘파람 소리는 비슷하며 곧잘 서로의 휘파람 소리를 흉내 내기도 한다구요. 그러나 흉내도 적당히 내야지, 심하면 이름 사칭 내지는 서명 위조 현행범으로 체포될 수도 있지 않을까요?

축구시합을 중단시킨 찌르레기

아프리카 사바나 삼림 지대에 사는 검은박새는 나무 구멍 속 둥지에 있다가 침입자의 낌새를 채면 '쉿쉿~' 하는 뱀 소리와 비슷한 울음소리를 냅니다. 습격하려던 올빼미는 구멍 속에 뱀이 있나 보다 하고 움찔 물러나지요. 이렇듯 다른 동물의 소리를 흉내 냄으로써 자신의 안전을 지키는 동물들이 있습니다. 주로 소리 신호가 발달해 있는 새들에게서 많이 발견되는데, 아프리카에 사는 제비끈바람까마귀는 심지어 양치기들이 사용하는 휘파람 소리를 흉내 내서 그 지역의 포식자인 큰 새들을 쫓아낸다고 합니다.

금조도 다른 새들의 울음소리를 흉내 내는 것으로 유명합니다. 20여 종의 다른 새의 울음소리를 흉내 내는데, 사람과 가까이 사는 경우엔 개 짖는 소리, 아기 우는 소리, 자동차 경적, 카메라 셔터 소리를 노래 중간에 집어넣기도 하고, 심지어 악기 소리, 전기 톱 소리를 흉내 내는 녀석도 발견이 되었습니다. 영국에서는 찌르레기가 심판의 호각 소리를 흉내 내는 바람에 축구 시합이 중단되기도 했으며, 제2차 세계 대전 말 사용되었던 V-1 미사일(제트 엔진이 장착된) 소리를 흉내 내 일순간 사람들의 간담을 서늘하게 한 적도 있다구요. 최근에는 휴대폰 벨소리나 인터넷 연결 시 모뎀에서 나는 소리를 흉내 내는 녀석들이 발견되기도 합니다.

천상의 소리

새들의 소리는 영장류 및 돌고래의 음성 신호와 함께 고도로 진화된 가장 정교한 신호 체계에 속합니다. 카나리아처럼 인간이 듣기에도 예술적인, 아름다운 소리를 내는 새들이 있는가 하면, 흔히 요즈음에는 소음이라고까지 치부될 정도로 거칠고 탁한 소리를 내는 까치 같은 새들도 있죠. 대개 목소리는 타고납니다. 관중을 휘어잡는, 천상의 소리를 내는 성악가들이 그러하듯이 말입니다. 참새목의 명금류에 속하는 새들은 소리를 만들어 내는 근육의 수가 많고 복잡하기 때문에 구조가 복잡하고 아름다운 '노래'를 부를 수가 있습니다. 이러한 노래는 주로 번식기 동안 수컷이 부르는데 암컷을 유혹하거나 호르몬 분비를 유도하여 암컷으로 하여금 교미를 할 수 있는 단계에 이르도록 만드는 역할을 한다구요.

말하는 앵무새 알렉스

지난 2005년, 미국의 테네시 주에서는 앵무새 덕에 도둑을 잡은 사건이 있었습니다. 두 명의 도둑이 빈 집에 들어가 물건을 훔치다 그중 한 명의 이름이 그 집에서 기르던 앵무새 마시멜로의 귀에 들어갔습니다. 마시멜로는 계속해서 그 이름을 따라 불렀죠. 찜찜한 기분으로 퇴근(?)하던 도둑은 마시멜로가 경찰 앞에서 자신의 이름을 말할까 봐 두려웠고 다시 그 집으로 되돌아가 마시멜로를 납치해 도망치던 중 경찰에 붙잡히고 말았습니다. 사실 앵무새를 애완용으로 키우는 사람들조차도 앵무새가 말하는 것이 단순한 '모사', 즉 흉내 내기에 불과하다고 생각합니다. 그러나 최근 과학자들은 앵무새가 뛰어난 언어 능력 및 인지 능력을 가지고 있으며, 3~6살 정도의 어린아이와 맞먹는 지능을 가지고 있다고 주장합니다.

가장 유명한 경우가 알렉스입니다. 1977년, 애리조나 대학교의 아이린 페퍼버그 박사는 앵무새가 아무 생각 없이 반복적으로 사람의 말을 흉내 내는 것인지, 아니면 말의 의미를 이해하고 실제로 언어를 구사하는 것인지 알고 싶은 마음에 앵무새에게 말을 가르치기 시작했습니다. 선택된 앵무새는 사람의 말을 가장 잘 흉내 내는 것으로 알려진 아프리카회색앵무였죠. 박사가 시카고의 한 애완동

ON AIR

물 가게에서 구입한 '평범한 앵무새' 알렉스는 오랜 노력 끝에 100가지가 넘는 물건들을 식별하고, 7가지 색깔, 그리고 5가지 모양을 구분하며, 수까지 셀 수 있게 되었습니다. 단순한 질문에 대한 답은 물론이고, 똑같은 크기의 물건을 주면서 "가장 큰 게 뭐니?"라고 물으면 "없어."라고 대답하며, 푸른 열쇠 2개와 붉은 열쇠 2개를 보여주며 "푸른 열쇠는 몇 개지?"라고 물으면, "2개"라고 대답을 합니다. 심지어 "이 열쇠들이 다른 점은 무엇일까?"라고 물으면, "색깔"이라고 답할 정도라구요. 알렉스는 학습한 각각의 단어들을 조합해서 자기 의사를 표현하는 경지에 이르렀고, 지금도 끊임없이 새로운 단어를 습득하고 있다고 합니다.

앵무새는 어떻게 사람의 말을 흉내 낼 수 있을까?

앵무새의 울대는 후두를 가지고 있는 인간의 발성 기관과 비슷합니다. 또 근육이 발달된 긴 혀를 가지고 있어 소리를 잘 조절할 수 있습니다. 즉 울대와 입, 혀를 이용해서 음의 빈도 및 음조를 자유자재로 변경할 수 있기 때문에 정밀하고 다양한 소리를 낼 수 있는 것입니다. 게다가 다른 새들에게서는 발견되지 않는 발성 조절 및 소리 학습을 담당하는 전뇌 영역을 가지고 있으며 지능이 뛰어나기도 합니다. 사회성이 강한 동물인 탓에, 지저귐 대신 사람의 말을 따라하면서 부족한 사회성을 채우려는 욕구도 강하다고 하죠.

손으로 말하는 침팬지 와쇼

이 지구상에서 우리 인간만이 유일하게 사용하고 있다는 언어, 가장 정교하게 발달된 의사소통 체계인 언어. 이 언어란 것이 정말 인간 세계에만 있는 것인지, 그래서 인간과 동물을 구분 지을 수 있는 요소인지, 아주 오랜 옛날부터 학자들은 이러한 문제들에 관심을 가져 왔습니다. 학자들 중 몇몇은 아예 동물에게 인간의 언어를 가르치려는 시도를 하기도 했습니다. 사실 1900년대부터 1930년대까지 침팬지에게 소리 내어 말하는 것을 가르치려던 시도는 모두 실패로 돌아갔습니다. 사실 발성 구조 자체가 인간과 침팬지는 다르기 때문에 침팬지에게 인간의 언어를 발음하게 하는 것은 거의 불가능한 일입니다. 그러자 학자들은 소리 언어 대신 손짓 언어로 관심을 돌렸습니다. 1960년대 침팬지 와쇼를 선두로 미국 수화를 사용해 의사소통법을 가르치려는 연구가 시작되면서 놀라운 결과들이 나타나기 시작했습니다.

와쇼는 4년 동안 150개가 넘는 수화를 배웠고, 수화를 사용하여 거짓말도 하고 농담도 했으며, 아직 배우지 않은 사물을 설명할 때는 창조력을 발휘하기도 했습니다. 고니라는 단어를 배우지 못한 와쇼는 고니를 보고 '물 그리고 새'라고 말했고, 오이를 보고는 '초록 바나나'라고 말했다네요. 또 라이터는 '금속, 뜨겁다'라고, 탄산수는

'들린다, 음료수'라고 설명했습니다.

허버트 테라스 박사는 '언어는 인간만의 것'이라 믿는 저명한 언어 학자 놈 촘스키의 이름을 빗대 침팬지에게 님 침스키라는 이름을 지어 주고 수화를 가르쳤습니다. 침스키는 2000년 3월 죽기 전까지 125개의 단어를 익혔습니다. 그중 서른여섯 번째로 배운 단어가 '미안하다'는 말이었는데요, 다른 침팬지가 침스키에게 화를 낼 때면 항상 이 말을 썼다고 하네요.

수화하는 고릴라 코코

로랜드고릴라 코코는 1972년 2살이 채 안 됐을 때부터 수화를 배우기 시작해 몇 년 사이 130여 개의 단어를 사용하기에 이르렀습니다. 게다가 점점 거짓말이나 농담도 하고 어린아이처럼 때를 쓰거나 딴청을 부리기까지 했습니다. 코코는 미국 수화뿐만 아니라 영어를 알아듣게 되면서 언어 능력이 더욱 향상되었는데요, 2,000가지 단어를 구분해 들을 수 있는 코코는 2005년 즈음엔 1,000여 개가 넘는 수화를 사용하게 되었으며 최근에는 컴퓨터도 사용한다고 합니다. 한편 코코는 2004년 여름에는 수화로 이빨이 아프다고 말해 치과 치료를 받기도 했습니다. 조련사들이 1부터 10까지 고통의 강도가 적혀 있는 차트를 준비해 보여 주자 코코는 통증이 매우 심한지 계속해서 9와 10을 가리켰고, 결국 마취 상태에서 치료를 받았다는군요.

그림문자로 말하는 보노보 칸지

대부분의 동물 언어 연구에서는 수화 언어나 문자 언어를 동물들에게 주입식으로 가르칩니다. 그러나 보노보 칸지는 이와 달리 자연스레 언어를 배웠습니다. 키보드 그림 문자(keyboard lexigrams) 사용법을 배우고 있던 엄마 마타타의 어깨 너머로 6개의 단어를 스스로 깨우친 것입니다. 칸지가 언어를 이해하고 사용하는 것이 아니라 단순히 모방하는 것에 불과하다는 학자들의 주장에, 칸지의 담당 연구원인 수 새비지럼보는 "3살짜리 아이가 새 단어를 배우면 어휘 증가라고 한다. 그런데 보노보가 같은 능력을 보이면 단순 모방에 불과하다고 하는 것은 어불성설이다."라고 말하기도 했습니다. 아기들이 부모가 끊임없이 말을 걸고 이야기를 들려주는 동안 자연스레 말을 배우게 되듯이, 칸지도 연구자들로부터 같은 방식의 교육을 받았습니다.이런 자연스러운 방법을 통해 칸지가 10년간 배운 어휘는 200여 개에 달했다고 하죠.

칸지는 키보드를 이용해 전화 통화도 할 수 있습니다. 연구원이 사무실 밖에 나가서 칸지에게 전화를 걸자(다른 연구원이 먼저 전화를 받은 다음 칸지에게 바꿔 줍니다.) 처음에는 전화기 속에서 들려오는 낯익은 목소리에 주변을 두리번거리다가 곧 통화 내용에 집중합니다. "칸지, 나 지금 연구소로 들어갈 건데 뭘 먹고 싶니?" 칸지는 한참 생각

하다가, 키보드에서 '초콜릿'에 해당하는 버튼을 누르고, 그러면
키보드에서 "초콜릿"이라는 소리가 납니다.

2003년 1월에는 칸지가 실제로 바나나(banana), 포도(grapes), 주스
(juice), 예스(yes) 등 4가지 단어를 발음할 수 있다는 내용의 기사가
권위 있는 과학 전문지《뉴사이언티스트》에 실려 세상을 깜짝 놀라
게 했습니다. "침팬지는 성대 구조가 인간과 다르기 때문에 인간의
말을 할 수 없다."는 이론에 직접 도전하는 것이어서 큰 반향을 불
러일으켰지요. 영화『혹성탈출』에서처럼 침팬지와 인간이 대화를
할 날이 정말로 올지도 모르겠네요.

평화를 사랑하는 보노보

1929년에야 인간 세상에 알려진 보노보는 당시 일반 침팬지보다 조금 작
고 날씬할 뿐 생김새가 아주 유사해 피그미침팬지라 불렸습니다. 그러나
이 둘이 전혀 다른 종이라는 사실이 밝혀지게 되면서 보노보라는 새 이름
을 얻게 되었죠. 보노보는 아프리카의 고대 반투어로 '조상'이라는 뜻입니
다. 인간과 보노보의 유전자는 98.5퍼센트 이상 일치합니다. 얼굴 색이 검은
편이고, 일반 침팬지에 비해 두 발로 걷는 것이 훨씬 더 자연스러우며, 싸우
지 않는 평화주의자로 알려져 있죠. 대부분의 동물들이 번식을 위해 교미를
하는 것과 달리 보노보는 평화와 즐거움을 위해 교미를 하기도 한다구요.

사투리 쓰는 일본원숭이

"이래 이래 팔을 빨리 휘저으믄 다리도 빨라지미, 다리가 빨라지믄 팔은 더 빨라지미, 땅이 뒤로 막 지나가미…….", "여가 마이 아파.", "쟈들 하고 친구나?" 2005년 최고의 흥행작「웰컴투 동막골」로 한때 강원도 사투리가 전국을 휩쓸었습니다. 표준어와는 다른 특정 지역에서만 사용되는 언어를 방언, 흔히들 사투리라고 하는데, 동물 세계에도 이러한 사투리가 있는 것으로 밝혀졌습니다. 일본 교토 대학교 영장류 연구소에서는 남부 가고시마현 야쿠시마에 살고 있는 일본원숭이 23마리와 1956년 이 섬에서 중부 아이치현 이누야마시 오히라산으로 옮겨진 30마리의 울음소리를 1990년부터 10년간 조사하였습니다. 그 결과, 야쿠시마 원숭이들이 더 높은 음의 울음소리를 내는 것으로 밝혀졌습니다. 오히라산에 비해 숲이 울창한 야쿠시마에서는 높은 음의 소리가 더 전달이 잘 됩니다. 그러나 오히라산에서는 낮은 울음소리로도 충분히 전달이 되기 때문에 이곳으로 옮겨진 개체들은 자연스레 낮은 음의 소리를 내게 되었을 것입니다. 즉 주변 환경에 적응해 울음소리가 바뀌었고 그것이 후손들에게 전해져 오늘에까지 이른 것이죠. 소리라는 것이 공기 중으로 전달이 되는 신호다 보니, 주변에 장애물이 있나, 주변이 시끄럽나 등등의 여러 환경 조건들에 영향을 받는 것은 당연한 일입니다. 그리고 이러한 환경 조건들을 다 따져서 거기에 맞는 소리를 내야만 에너지를 낭비하지 않고 자신의 의사를 상대방에게 확실하게 전달할 수 있겠지요. 그렇기 때문에 동물들이 사는 환경에 따라 조금씩 다른 방언을 쓰는 것은 그리 놀라운 일도 아닙니다.

새들도 사투리를 쓴다고?

새 역시 같은 종이라 할지라도 사는 지역에 따라 조금씩 울음소리가 다릅니다. 경희 대학교의 윤무부 교수는 대표적인 예로 휘파람새를 꼽습니다. 제주도의 휘파람새는 휘파람 앞부분이 길게 늘어지는 반면, 내륙 지방의 휘파람새는 소리가 잘게 끊어지는 경향이 있다고 합니다. 또 제주도에는 소프라노가 많은 반면, 내륙에는 바리톤이 많다구요. 즉 사는 곳에 따라 음절의 모양뿐 아니라 음의 높낮이도 다르다는 것이죠. 이 두 지역의 휘파람새는 비록 울음소리가 다르긴 하지만 통역이 필요할 정도는 아니라고 하네요.

100년 전까지만 해도 대다수의 학자들은 동물들은 미련하며, 아무런 학습 능력도 없고, 본능대로 움직일 뿐이라고 주장했습니다. 그러나 오늘날 우리는 동물들도 우리 인간들처럼 다른 이들로부터 무언가를 보고 배우며 때로는 거기서 더 나아가 새로운 것을 창조하는 능력이 있다는 사실을 잘 알고 있습니다. 자, 내로라하는 똑똑한 동물들을 한번 만나 볼까요?

고구마를 씻어 먹는 일본원숭이

일본원숭이들은 집단에 따라 독특한 전통이나 생활방식을 가지고 있습니다. 관찰과 모방에 의해 시작된 행동이 학습을 통해 여러 세대를 거쳐 전해 내려오면서 집단 고유의 문화가 된 것인데요. 1952년, 학자들이 한 일본원숭이 집단에게 처음으로 고구마를 소개해 주었습니다. 바닷가 모래톱 위에 던져놓은 탓에 고구마에 모래가 묻어 먹기 불편한 상태였습니다. 그런데, 1년 후, '이모'라는 이름의 모험심 가득한 2살배기 암컷이 바닷물에 들어가 고구마에 묻은 모래를 물로 씻어 내고 먹는 모습이 최초로 관찰되었습니다. 곧 다른 원숭이들도 이 행동을 따라하기 시작했고, 10년 후인 1962년에는 적어도 전체 집단의 4분의 3이 이렇게 고구마를 씻어 먹게 되었습니다. 게다가 어떤 원숭이는 한 입씩 베어 물 때마다 고구마를 바닷물에 담가 간을 맞추기까지 했구요. 이모는 이와 비슷한 기술을 하나 더 개발했는데, 모래가 섞인 밀가루를 한 움큼 떠서 물 위에 떨어뜨리는 것이었습니다. 모래는 무거워서 아래로 가라앉고 가벼운 밀가루는 수면에 두둥실 떠 있기 때문에 손쉽게 밀가루를 골라 먹을 수 있었죠. 이제 더 이상 씹히는 모래 때문에 기분 찜찜해 할 필요가 없어진 것입니다. 게다가 알맞게 소금 간까지 되었으니 일석이조인 셈이죠? 이 행동 역시 이모가 속한 무리 전체로 퍼져 나갔고 다음 세대로 또 다음 세대로 전수되면서 일본원숭이 사회의 새로운 '문화'로 정착되었습니다.

진(gene)과 밈(meme)

밈은 영국의 저명한 생물학자 리처드 도킨스가 쓴『이기적 유전자』에 처음 등장한 말인데요, '모방을 통해서 전해지는 문화 요소'를 말합니다. 유전자가 정자와 난자를 통해 하나의 신체에서 다른 신체로 전달되는 것처럼, 밈은 모방을 통해 한 사람의 뇌에서 다른 사람의 뇌로 전달됩니다. 즉, 모방 등의 비유전적인 방법으로 전달되면서 사람의 문화 심리에 영향을 주는 요소가 바로 밈입니다. 밈 역시 유전자처럼 전달 과정 중에 변이나 결합, 배척 등을 통해 내부 구조를 변형시키면서 진화한다고 하네요.

우유병 따는 푸른 박새

1930년대 영국 남부 지방에서 있었던 일입니다. 한 낙농업체에 '뚜껑이 뜯겨진 우유병이 배달되고 있다'는 항의 전화가 빗발쳤습니다. 당시에는 요즘처럼 우유를 종이팩에 담지 않고 유리병에 담은 다음 알루미늄 호일로 뚜껑을 씌웠습니다. 도대체 누가 염치없이 남의 집 우유 뚜껑을 뜯어 놓고 다니는 것일까? 비상이 걸린 낙농업체가 조사에 들어갔고, 추적 결과, 범인은 푸른박새로 판명되었습니다. 인근에 사는 푸른박새들이 우유 위에 떠 있는 크림을 먹기 위해 부리로 쪼아 뚜껑을 뜯었던 것이죠. 아마도 어떤 녀석 하나가 이른 새벽 가정집 문 앞에 가면 우유병이 있는데 그 우유병의 뚜껑을 뜯어내면 맛있는 크림을 먹을 수 있다는 사실을 우연히 알게 되었을 테고, 다른 녀석들이 그 행동을 보고 따라하기 시작하면서 일파만파로 퍼져 나갔을 것입니다. 영국 전역은 물론 이웃 나라들로까지 퍼져 나갔다는데, 낙농업체들이 뚜껑을 더 단단한 재질로 만들면서 이 소동은 막을 내렸습니다. 사람들은 종종 멍청한 사람들을 '새대가리'라고 부르곤 하는데요, 이 이야기를 듣고도 과연 멍청한 사람들에게 '새대가리'라는 말을 쓸 수 있을까요?

호박씨 까는(?), 먹는(!) 새

참새만큼이나 흔하게 볼 수 있는 새인 박새는 아프리카와 남극, 북극을 제외한 전 세계에 약 65종이 분포하고 있으며 우리나라에는 4종이 살고 있습니다. 시골 농가 마루 구석에 호박을 놓아두면 호박씨를 빼 먹는다고 해서 박새라는 이름을 갖게 되었죠. 몸집이 작고 활동적이며 색깔만 다를 뿐 참새와 매우 닮았습니다. 평지나 산지 숲, 나무가 있는 정원, 도시 공원, 인가 부근에서 흔히 볼 수 있는 텃새구요. 옥스퍼드 대학교에는 70년간이나 박새를 연구해 오고 있는 연구팀이 있다고 합니다. 캠퍼스 근처의 박새들은 모두 이름표를 달고 있어서 이름을 컴퓨터에 입력하면 아버지, 어머니는 물론, 할아버지의 할아버지 등등 그 새의 족보가 짠 하고 나온다고 하네요.

맥주병으로 조개 깨는 해달

가장 작은 바다 포유동물인 해달. 귀엽고 앙증맞은 생김새로 사람들, 특히 어린이들의 사랑을 독차지하고 있는 해달은 도구를 사용하는 것으로도 유명합니다. 해달은 배영 자세로 물 위에 떠다니며 가슴팍에 돌을 올려놓고 양 앞발로 조개를 붙잡아 돌 위로 내리쳐서 조개껍데기를 깨 먹습니다. 전복 등의 조개류가 바다 밑 바위에 단단히 붙어 있어 이빨이나 앞발로 떼어 낼 수 없는 경우에는 적당한 크기와 모양의 돌을 가지고 잠수한 후 그것을 이용해 전복을 떼어 낸다는 사실도 보고되었습니다. 놀다가도 마음에 드는 돌을 발견하면 그 돌을 겨드랑이 아래에 끼고 다니면서 오랫동안 사용하는데요, 돌 대신 물에 떠내려온 맥주병을 사용하는 모습이 발견된 적도 있다고 하네요. 아무래도 맥주병은 물에 잘 뜨니까 굳이 돌처럼 겨드랑이에 끼고 다니지 않아도 언제든지 사용할 수 있어서 보다 편리했겠죠? 해달은 파도가 센 곳에서는 떠내려가지 않기 위해 키가 큰 해초에 몸을 돌돌 만 채 잠을 자기도 합니다. 얼마 전 국내에도 개봉이 되었던 만화 영화 「보노보노」는 일본에서 850만 부 이상이 팔린 베스트셀러 만화를 원작으로 하고 있습니다. 실제 해달의 행동을 연상시키기도 하는 아기 해달 보노보노의 엉뚱하지만 귀여운 행동들이 인기 비열이 아니었을까 하는 생각이 드네요. 물론 실제 해달이 보노보노보다 더 예쁘지만요.

해달과 수달

해달과 수달은 같은 족제빗과에 속하는 친척으로 해달은 바다에 살고 수달은 민물에 삽니다. 물 속에서 매우 민첩하며, 짧은 다리 길이에도 불구하고 땅에서도 역시 재빠르다구요. 주로 작은 수생동물을 잡아먹고, 집단으로 물고기 사냥을 하기도 합니다. 담비나 밍크 등 다른 족제빗과 동물들의 운명이 그러하듯, 해달과 수달도 부드럽고 따스한 털 때문에 대량 학살을 당해 현재는 국제적으로 보호를 받는 멸종 위기 동물입니다. 특히 해달은 새끼를 배꼽 위에 올려놓고 키우는데, 그 상태로 앞발을 둘러 새끼를 껴안고 자는 모습이 매우 인상적이죠. 또, 권투 선수들의 스파링 연습 상대처럼 짧은 양 앞발(발이 동그래서 마치 작은 글러브를 끼고 있는 것 같습니다.)을 항상 쳐들고 있는 자세도 무척 사랑스럽답니다.

국자, 장갑, 파리채, 그리고 오랑우탄

오랑우탄은 말레이시아어로 '숲 속의 사람'이라는 뜻입니다. 그만큼 생김새도 닮았지만, 다른 여러 가지 면에서도 사람과 비슷한 점이 많습니다. 벌이나 파리 등 벌레들이 괴롭히면 쫓아내기 위해 잎이 많은 나뭇가지를 파리채처럼 이용하고, 가시가 많은 과일이나 나뭇가지를 잡을 때는 나뭇잎을 장갑처럼 사용합니다. 나뭇잎을 냅킨으로 사용하는가 하면, 가시가 있는 나무에 앉을 때는 나뭇잎을 듬뿍 쌓아 방석을 만들고, 국자처럼 나뭇잎으로 물을 떠먹기도 하구요. 또 잠을 잘 때에는 침대를 만들어 그 위에서 자는데, 나뭇가지를 얽어 놓고, 새로 딴 나뭇잎을 잔뜩 간 뒤 거기다 풀을 뜯어 베개까지 만듭니다. 오랑우탄은 졸음이 쏟아지는 자리에서 곧바로 잠자리를 만들기 때문에 날마다 새로운 잠자리를 만듭니다. 주로 땅 위에서 생활하는 고릴라나 침팬지와 달리, 먹고 자고 짝짓기를 하고 아기를 낳는 모든 일을 나무 위에서 해결하는 오랑우탄에게 나뭇가지나 나뭇잎은 그야말로 생활필수품이지요.

또 물을 싫어하는 오랑우탄은 피치 못하게 강을 건너야 할 일이 생기면 미리 긴 나무 막대기를 물 속에 넣어 깊이를 측정한 후 건넙니다. 배를 타고 강을 오르내리는 사람을 본 뒤로는, 사람들이 매어 둔

작은 배를 훔쳐 타기도 하는데요, 주변의 나뭇가지나 길게 자란 물풀을 잡아당겨 배를 원하는 방향으로 움직입니다. 오랑우탄은 약 7~8살 정도가 될 때까지 엄마와 꼭 붙어 지내면서 살아가는 데 필요한 모든 것들을 배우고 독립한 후에도 다른 오랑우탄의 행동을 보고 다양한 삶의 지혜를 모방하고 배웁니다. 그중 일부는 계속해서 다음 세대로 전해져 그 지역만의 독특한 '문화'를 형성하기도 하는데 이것은 오랑우탄과 친척 관계인 침팬지들에게서도 마찬가지로 나타나는 현상입니다.

예술가 오랑우탄

일본 도쿄 부근에 있는 타마 동물원에는 그림 그리기를 좋아하는 오랑우탄이 있습니다. 올해 쉰네 살의 모리는 지난해 말 우연히 도화지와 크레용을 접한 후로 그림 그리는 것에 심취했다고 하네요. 특히나 파란색과 회색을 좋아하고 그림을 그리기 전에는 늘 로댕의 '생각하는 사람'과도 같은 자세를 취하며 고뇌하는 듯한 모습을 보인다구요. 신기한 것은 동물원에 있던 다른 오랑우탄도 모리를 따라서 그림을 그리기 시작했다는 사실입니다. 그림 그리는 것이 그 동네 오랑우탄 사이에서 새로운 문화로 떠오른 것이죠!

호두까기 침팬지

침팬지는 껍질이 단단한 열매를 편편한 돌이나 나무뿌리 위에다 올려놓고 적당한 크기의 돌이나 나무토막으로 내리쳐 껍질을 깨 먹습니다. 단단한 받침대로 삼을 만한 돌판이 부족할 경우엔 줄을 서서 기다렸다 쓰기도 하죠. 언뜻 쉬워 보이지만, 민첩성과 요령이 동시에 필요한 과정으로 두 손이 침팬지보다 능수능란한 사람으로서도 따라하기가 쉽지 않습니다. 잘못하면 열매가 저 멀리 날아가 버리기도 하고, 너무 세게 치면 아예 박살이 나서 아무것도 건질 수가 없거든요. 때문에 아기 침팬지들은 제대로 열매를 깨는 것을 배우는 데 몇 년이 걸리기도 합니다. 어미가 능숙한 솜씨로 열매를 깨는 동안 새끼는 곁에서 먹을 것을 달라고 보채기도 하고 어미를 따라해 보기도 합니다. 몇 번 시도를 해 보다 새끼가 포기를 하는 듯하면, 어미는 새끼의 손에서 망치를 가져다가 시연을 해 보인 다음 다시 망치를 돌려줍니다. 나무라거나 다그치지 않고 인내심을 가지고 몇 번이고 새끼에게 올바른 동작을 보여 주면서, 새끼가 포기하지 않도록 격려하는 것도 잊지 않구요. 어미의 이러한 가르침으로 침팬지는 커 가면서 어떻게 생긴 돌이 받침대로 좋은지, 어떻게 생긴 것이 망치 역할을 잘 해낼 수 있는 것인지도 구분하게 됩니다. 그러고 보니, 어릴 적 우리 어머니들이 아무것도 모르는 우리들을 앉

혀놓고 숟가락질, 젓가락질을 가르치던 모습과 크게 다르지 않은 것 같죠? 그 쉬운 것도 제대로 못한다는 사실에 화도 나고 짜증이 날 법도 하거늘 애정과 인내심을 갖고 꿋꿋이 가르쳐주셨기에 다들 혼자서 밥 먹는 경지(?)에 이를 수 있게 된 것 아닐까요?

침팬지의 아이디어 생활용품

◆ 스펀지 물 컵 : 나뭇잎을 씹어서 뱉은 다음 물에 담가 물을 흡수시킨 후 빨아 먹습니다.

◆ 흰개미 낚싯대 : 땅굴 속의 흰개미나, 나무 굴 또는 암벽 굴 안의 벌꿀을 먹기 위해 다양한 크기와 모양의 나뭇가지 도구를 만들어 사용합니다.

◆ 냄새 탐지기 : 곰베의 침팬지들은 제인 구달의 주머니 속에 조심스럽게 풀줄기를 집어넣어 풀줄기에 묻어나는 냄새로 바나나가 있나 없나를 알아보았다고 합니다.

◆ 이쑤시개 : 아카시아 나무에서 5센티미터 정도 되는 가시를 잘라 식사 후 이쑤시개로 사용합니다.

◆ 귀 후비개 : 새의 깃털을 주워 귓속을 청소합니다.

◆ 휴지 및 손수건 : 콧물이 많이 흐를 땐 풀줄기로 코를 쑤셔 코를 풀고 큰 나뭇잎은 몸에 묻은 오물이나 과일즙 등을 닦아 낼 때 씁니다.

800만 관객을 돌파하며 전국에 "내가 니 시다바리가.", "고
마해라, 마이 뭇다 아이가." 등의 경상도 사투리를 유행시킨
영화 「친구」에는 흔히 친구 사이에서 볼 수 있는 끈끈한 우
정이 흠뻑 녹아 있습니다. 우리는 수많은 소설, 영화, 드라마
속에서 이처럼 아름다운 우정을 발견하게 됩니다. 그만큼
친구와의 우정은 우리 삶에서 빼놓을 수 없는 소중한 감정
이기 때문일 것입니다. 동물 세계도 마찬가집니다. 특히나
무리를 지어 사는 동물들에게서 가슴 뭉클한 우정을 자주
볼 수 있습니다.

우리는 하나 고래

해양 생물 중 가장 신비롭고 아름다운 동물 하면? 바로 인간 다음으로 지능이 높은 동물, 고래가 아닐까요? 한때 넓은 대양을 자유로이 누비고 다녔던 고래들은 포경 산업 때문에 심각한 멸종 위기에 처하고 말았습니다. 국제 사회에서 고래를 보호해야 한다는 목소리가 높아지면서 많은 나라들이 상업적인 포경을 금지했지만, 노르웨이와 일본은 미식가들의 입을 만족시키기 위해 아직까지도 고래 사냥을 멈추지 않고 있습니다. 이렇게 식탁 위에서 사라져 가는 고래만 매년 10만 마리 이상 됩니다. 포경꾼들은 여러 척의 배로 수십, 수백 마리의 돌고래 떼를 작은 만으로 몰아넣은 뒤 작살로 찍어 죽이는데, 붉은색 페인트를 잔뜩 부은 듯 핏빛으로 물든 바닷물과 죽어 가는 돌고래들의 모습이 매스컴을 통해 전 세계로 보도되곤 합니다. 포경선들은 고래를 발견하면 일단 멀리서 총, 혹은 작살을 쏘아 맞춘 후 인양 작업을 하러 가는데, 이때 갑자기 고래 무리가 나타나 다친 고래를 데리고 사라져 버렸다는 이야기를 종종 접할 수 있습니다. 돌고래나 고래는 위험에 처한 가족 또는 친구가 적의 공격으로부터 벗어날 수 있도록 도와줄 뿐만 아니라, 참치 그물 속에 갇히거나 작살 등에 맞은 고래가 있으면, 그물이나 작살에 연결된 줄을 물어뜯어 가며 그들을 구합니다. 자신도 덩달아 위험해질 수 있다는 사실을 잘 알고 있을 텐데도 말이죠.

또 고래는 친구 및 가족의 분만을 돕기도 합니다. 새끼를 낳느라 기진맥진한 암컷과 갓 태어난 새끼 고래가 산소를 마실 수 있게끔 무리 내 다른 고래들이 힘을 합쳐 이들을 수면 위로 떠받쳐 올려 주는 것이지요. 새끼나 가족을 잃어 시름에 빠진 친구를 보면 마치 슬픔을 함께 나누려는 듯 오랫동안 곁을 지켜 주기도 하구요.

바다의 방랑자, 고래

고래는 플랑크톤이나 물고기 등 먹이를 찾아 전 세계 바다를 여행하는 방랑자로 알려져 있습니다. 지구상에는 90여 종의 고래가 있는 것으로 추정되는데 일반적으로 몸길이가 4~5미터 이상인 것을 고래, 그 이하의 작은 것들을 돌고래라고 합니다. 그중 많은 수가 심각한 멸종 위기에 처해 있습니다. 지구상에 존재하는 동물 중 가장 큰 동물인 흰긴수염고래(몸길이 30미터, 몸무게 150톤, 호흡할 때 분기공으로 내뿜는 물의 높이만 10~15미터에 이릅니다.)는 1,000마리, 많아야 2,000마리밖에 남지 않았고 또, 긴수염고래는 20세기가 시작될 무렵만 해도 남극에만 25만 마리가 살았지만 현재는 700마리도 남지 않았습니다. 안타깝게도 학자들은 이미 개체 수 회복이 불가능해 곧 멸종할 것으로 예측하고 있습니다.

친구를 위해서라면 앵무새

야생에서 수백, 수천 마리가 모여 공동체를 이루고 사는 앵무새는 우리 생각보다 훨씬 더 발달된 지능과 사회성을 지니고 있습니다. 앵무새들은 밀렵꾼의 총에 맞거나 천적의 공격으로 상처를 입고 날지 못하는 친구를 발견하면, 일제히 그 주변으로 날아드는데요, 다친 동료가 많으면 많을수록 무리 전체가 미친 듯이 몰려든다고 합니다. 오랜 세월 동안 밀렵꾼들은 앵무새의 이러한 습성을 이용해 손쉽게 사냥을 할 수 있었고, 그 결과 수많은 종이 멸종 위기에 처하고 말았습니다. 밀렵꾼들은 먼저, 앵무새 한두 마리를 골라 칼로 날갯죽지나 다리를 자른 후 바닥에 던져 놓습니다. 상처 입은 채 내팽개쳐진 앵무새는 고통으로 비명을 지르고, 이 소리를 들은 나머지 앵무새들이 친구를 돕기 위해 일제히 몰려드는 순간 그물을 던져 한꺼번에 잡아들이는 것이지요. 밀렵꾼들에게 잡혀 온 앵무새들은 그들의 사회성과 지능은 무시당한 채 좁은 새장에 한 마리씩 갇혀 낯선 곳으로 팔려 갑니다. 이렇게 잡혀 온 앵무새들은 목이 찢어져라 하루 종일 소리를 지르는가 하면, 자기 털을 뽑기도 하고, 단순한 행동을 몇 시간씩 반복하기도 하며, 밥도 먹지 않는다고 합니다. 앵무새 거래 중 25~40퍼센트가 불법적으로 이루어지고 있습니다. 동물 밀렵 및 밀매는 무기, 마약 밀매와 함께 세계 3대

암시장에 속할 정도로 그 규모가 엄청난데요, 앵무새를 비롯한 야생 동물을 애완용으로, 식용으로, 약재로 원하는 사람들이 없어지지 않는 한, 밀렵꾼들의 횡포도 줄어들지 않을 것입니다. 진정으로 동물을 사랑하는 사람이라면, 야생 동물을 곁에다 두고 보고 싶다는 바람은 가슴 한편에 묻어 두고 대신 그들이 야생에서 안전하게 살아갈 수 있도록 도와야 하지 않을까요? 사랑하는 '방법'에 따라 사랑의 가치가 달라진다는 사실, 잊지 맙시다.

야생 동물을 사고파는 행위를 근절시키기 위한 여러 움직임들

1973년 9월, 워싱턴에서는 멸종 위기에 처한 야생 동식물의 상업적인 거래를 규제하고 생태계를 보호하기 위해 국제 협약(CITES)을 체결하였습니다. 1996년까지 134개 나라가 이 협약에 가입을 했고, 우리나라도 1993년에 가입을 했습니다. 이 협약이 체결된 이후로 전 세계 3만 7000종의 동식물이 수출이나 수입 등 국제적인 거래가 금지되고 있으며 우리나라도 1,000여 종의 동식물이 이 협약의 규제를 받고 있습니다. 개미핥기, 여우원숭이, 수달, 앵무새, 카멜레온, 모시나비 등등이 포함되어 있으며 이들 동물의 경우, 박제나 신체 일부라도 거래할 수 없습니다. 이외에도 1976년에 만들어진 세계 야생 동물 거래 감시 네트워크인 트래픽(TRAFFIC) 등이 밀거래로 야생 동물을 사고파는 행위에 대해 예의주시하고 있습니다.

염소를 그리워한 말

가까이 지내던 친구가 죽은 경우 우울증 비슷한 증세를 보이는 동물들의 이야기도 비일비재합니다. 1960년대 영국의 한 동물 보호 센터. 유조선이 침몰하면서 유출된 기름을 뒤집어쓰고 죽을 운명에 처했던 새끼 물범들이 보호 센터의 새 식구가 되었습니다. 다행히 사이먼은 건강을 되찾았지만, 샐리라는 암컷은 결국 시력을 잃고 말았지요. 둘은 절친한 친구가 되어 항상 붙어 다녔는데, 1년 후 사이먼이 병으로 죽자 샐리는 그 자리에서 꼼짝도 하지 않고 먹지도 않는 등 전형적인 우울증 증세를 보였습니다. 그리고 일주일도 채 안 되어 죽고 말았습니다. 보호 센터의 담당자들은 뚜렷한 육체적 질병이 없었기 때문에 샐리가 친구를 잃은 슬픔으로 죽었다고 결론을 지었습니다.

종을 넘어 돈독한 우애를 쌓는 동물들도 있습니다. 바로 말과 염소입니다. 말은 자기보다 작은 염소가 다치지 않도록 걸음걸이에 신경을 쓰며, 친구로 지내던 염소와 헤어지게 되면 풀이 죽어 잘 달리지 않기도 합니다. 영어 중에 'to get one's goat'라는 표현이 있습니다. '~를 화나게 하다.'라는 뜻인데요, 경주마의 마구간에 염소를 함께 넣어 말을 진정시키던 경마의 오래된 전통에서 나온 표현이라고 하네요. 19세기 경마 도박사들은 경주 전에 상대측 마구간에 있던 이 염소를 훔치곤 했습니다. 염소가 사라지면 경주마가 극

LOVE
FRe
1 2 3 4 5

도로 불안해 하다가 결국 경주를 망쳐 버리기 때문이지요. '알레 프랑스'라는 이름의 유명한 경주마 역시 한 염소와 오랜 우정을 나누었는데, 그 둘을 떼어 놓기란 여간 힘든 일이 아니었다고 합니다. 알레가 경주를 위해 경마장으로 이동할 때마다 친구인 염소도 함께 데려가야 했을 정도라 하니, 동물 세계에서도 친구의 존재는 매우 소중하다는 것을 보여 주는 증거가 아닐까요?

물범은 최고의 잠수부!

물범은 유선형의 몸매에서 알 수 있듯 매우 우아하고 빠르게 헤엄을 칩니다. 게다가 물 속에서 70분이 넘게 머무를 수 있고, 수심 1킬로미터까지 잠수를 할 정도로 유능한 잠수부입니다. 잘 훈련된 사람도 물 속에서 1~3분, 10~20미터 깊이 정도밖에 못 내려간다고 하는데요, 물범은 산소통도 매지 않고 어떻게 물 속에 오래 있을 수 있는 것일까요? 비밀은 바로 숨 고르기에 있습니다. 물범은 심장 박동수를 조절할 수 있어 물 속에 있을 때에는 심장 박동수를 낮추어 산소를 적게 사용합니다. 그리고 체내 산소량이 떨어지면 다시 물 밖으로 올라오죠. 종종 두꺼운 얼음 밑에서 오랜 시간 헤엄을 치는 경우도 있는데 이럴 때는 앞지느러미발에 있는 발톱으로 얼음판에 구멍을 내어 그곳으로 숨을 쉽니다. 물범 새끼가 이 얼음 구멍에 갇혀 오도 가도 못하는 안타까운 일이 벌어지기도 한다네요.

《내셔널지오그래픽》1994년 겨울호 표지를 장식한 한 장의 사진은 학계를 깜짝 놀라게 했음은 물론 사회적으로도 큰 반향을 일으켰습니다. 500킬로그램은 족히 넘을 듯한 북극곰과 기껏해야 20킬로그램 남짓한 에스키모개가 마치 '함께 즐겁게 놀고 있는 듯' 한 모습이 담겨 있었기 때문입니다.

늦은 10월, 아직 얼어붙지 않은 캐나다 허드슨만 툰드라 지역에서 일어난 일입니다. 썰매 끄는 에스키모개 허드슨이 목줄에 매인 채 유유자적 눈밭을 뒹굴고 있을 때, 새하얀 지평선 너머에서 커다란 수컷 북극곰 한 마리가 어슬렁어슬렁 다가왔습니다. 아직 얼음이 단단히 얼지 않아 물범 사냥을 할 수 없었던 북극곰은 무려 4개월 동안이나 제대로 먹지 못해 무척 굶주린 상태였습니다. 이런 경우 북극곰들은 종종 썰매개로 허기를 채우곤 한다구요. 그런데 곰이 다가오는 모습을 보고도 허드슨은 도망치거나, 이를 드러내거나, 비명을 지르지도 않았습니다. 대신 엉덩이를 치켜든 채 꼬리를 흔들며 반가운 듯 상체를 낮췄습니다.(개가 상대방에게 놀자는 의사를 전달할 때 보이는 전형적인 놀이 인사법입니다.) 곰 역시 자세를 낮추고 특유의 흐느적대는 걸음걸이로 허드슨을 향해 다가왔죠. 그리고 몇 초 후, 놀라운 광경이 펼쳐졌습니다. 바로 잔뜩 배를 곯은 거대한 북극곰과 썰매개가 함께 눈밭을 뒹굴며 즐겁게 노는 광경이었죠. 마치 레슬링을 하듯 엎치락뒤치락 놀다가 지친 곰이 숨을 몰아쉬며 잠시 놀이를 중단하면, 허드슨이 안부를 묻는 듯 곰의 앞발을 가볍게 두드리기도 했구요. 북극곰은 허드슨만에 얼음이 얼어 물범 사냥을 개시하기 전까지 몇 주에 걸쳐 여러 차례, 허드슨을 찾아와 함께 놀다 갔다네요.

북극곰의 털은 왜 하얀 색일까?

알래스카의 최북단에 사는 북극곰은 헤엄을 잘 치며, 물범, 물고기, 새, 순록, 해초 등을 먹고 삽니다. 북극곰의 새하얀 털은 온통 눈과 얼음으로 뒤덮인 북극에서 최고의 위장막 역할을 하죠. 새하얀 설원 위에 새하얀 곰이라니. 거의 투명인간이나 다름없겠죠? 또한 하얀 털 바로 아래에는 검정색의 피부막이 있어 태양열을 잘 흡수하기 때문에 온기도 잘 유지됩니다. 그리고 등, 엉덩이, 넓적다리 부위에는 무려 10센티미터도 넘는 지방층이 있어서 추위를 견디는 데 크나큰 도움이 되죠.

주인을 구한 소

전라북도 임실에서는 약 1000년 전부터 불이 나는 것도 모르고 술에 취해 곯아 떨어진 주인을 대신해 불에 타 죽은 오수견의 이야기가 전해 내려오고 있습니다. 또 야심한 밤, 화재, 홍수 등을 알리기 위해 주인을 필사적으로 깨워 결국 위험을 모면하게 한 충견들의 이야기도 심심치 않게 들을 수 있습니다. 사실, 충직한 동물인 개가 주인을 구한다는 이야기는 이젠 그리 놀랍지도 않습니다. 아니, 그런데, 소가 주인을 구했다구요?

1996년 영국, 도널드 모트럼이란 이름의 한 농부가 여느 때처럼 소떼를 끌고 들판을 지나고 있었습니다. 그런데 갑자기 황소가 나타나 모트럼을 공격하기 시작했습니다. 성난 황소를 당할 자가 누가 있을까요. 모트럼은 황소의 공격을 받고는 기절하고 말았지요. 모트럼이 정신이 들었을 때는 한 시간이나 지난 후였는데 그때까지도 모트럼의 소들은 달아나지 않고 주인인 모트럼 주위을 둥글게 에워싼 채 서 있었습니다. 황소로부터 지켜주고 있었던 것이죠.

1995년, 스웨덴에서는 한 농부가 친구네 농장으로 놀러 가던 중 트럭이 전복되면서 의식 불명에 빠지는 일이 발생했습니다. 트럭에는 농부가 키우는 돼지가 함께 타고 있었는데 다행히도 이 녀석은 무사했습니다. 그리고 3.4킬로미터나 떨어진 집으로 되돌아가 농부의 부인을 사고 현장으로 데려왔지요. 말을 못하는 돼지가 어떻게 부인을 데려왔냐구요? 부인이 사고 현장으로 따라올 때까지 시끄럽게 울어 대면서 부인의 치마 끝을 잡아 당겼다고 하네요. 평소 우리는 소나 돼지를 집에서 기르는 가축이라 해서 업신여기는 경향이 있습니다. 그러나 실제로 돼지의 경우, 발터 크래머와 괴츠 트랜글러가 쓴 『상식의 오류 사전』에 의하면 일반인들의 상식과 달리 지능이 꽤 높은 편이며 아이큐가 80 정도 된다고 합니다. 세상 어떤 동물도 귀하지 않은 동물은 없습니다. 지능이 높든, 낮든, 동물을 얕잡아 보고 무시해서는 안 되겠죠.

소나 돼지는 언제부터 가축이 되었을까?

단지 평생을 인간을 위해 살다, 인간을 위해 죽는다고만 생각하는 수많은 가축들, 이 가축들은 언제 인간 세계로 들어오게 된 것일까요? 인간에게 최초로 길들여진 동물인 개는 약 1만 4000~1만 2000년 전 야생의 세계를 떠나 인간의 곁으로 왔습니다. 그 얼마 뒤에는 양과 염소가 가축화되었고, 약 9000년 전에는 소와 돼지가 가축화되기 시작했습니다. 말, 당나귀, 낙타, 물소, 가금류 등이 그 뒤를 이었고, 3000~4000년 전에는 고대 이집트에서 고양이가 애완동물로 등장했다고 하네요.

살면서 누구나 겪게 되는 일 중에서 사람을 가장 행복하게 만들기도 하고, 동시에 가장 고통스럽게 만들기도 하는 것은 무엇일까요? 아무리 생각해 봐도 결론은 '사랑'인 것 같습니다. 두근대는 달콤한 행복감이나 가슴 저미는 애틋함, 실연의 아픔 등을 담은 소설, 영화, 노래들이 끊임없이 세상에 쏟아져 나오는 것만 봐도 그렇습니다. 동물 세상은 어떨까요? 동물들도 로맨틱한 사랑에 빠지고, 그 사랑을 잃어버리면 아파할까요?

느낌이 통해야 사랑이지 로랜드 고릴라

동물 세계를 자세히 들여다보면, 그들도 닥치는 대로 아무나 하고 짝짓기를 하는 게 아니라는 사실을 알 수 있습니다. 첫눈에 반한 혹은 느낌이 통하는 '특정 상대'하고만 짝짓기를 한다 하니 어쩌면 그들 세계에도 나름의 '이상형' 혹은 '필(feel)'이라는 게 있을지도 모르겠네요.

1960년대 미국의 클리블랜드 동물원에서는 티미라는 이름을 가진 수컷 로랜드고릴라가 짝짓기는 고사하고 암컷들에게 눈길조차 주는 법이 없어 동물원 관계자들을 애타게 만들었습니다. 그러나 목석같던 티미가 180도 돌변하게 되었으니, 바로 케이티라는 이름의 암컷을 만난 순간부터였죠. 티미와 케이티는 다정스레 털을 골라 주고, 마주앉아 먹이를 먹고, 서로의 팔에 안겨 잠이 드는 등, 하루의 모든 일과를 함께 보냈습니다. 짝짓기에 성공한 것은 물론이구요. 오래전부터 티미의 모습을 관찰해 왔던 사람들은, 우울해 보이기까지 했던 티미가 케이티를 만난 이후부터는 행복해 보였다며, 이 둘이 마치 인간 세계의 연인처럼 행동했다고 설명했습니다. 케이티를 처음 본 순간, 티미도 '드디어 나의 천생배필이 나타났구나.'라는 '필'을 받았던 것은 아닐까요?

고릴라는 무서운 괴수(怪獸)다?

고릴라는 생김새 및 거대한 덩치로 인해 사나운 동물이라는 오해를 받아 왔습니다. 그러나 사실, 고릴라는 부끄럼을 탈 정도로 순하고 지적인 동물입니다. 영화 「킹콩」에서처럼 양손으로 '쿵쾅쿵쾅' 가슴을 치는 행동은 그저 상대에게 겁을 주거나 집단 내에서의 자신의 서열을 유지하기 위한 것인데, 부당하게 공격을 받은 경우를 제외하면 이것이 진짜 공격으로 이어지는 경우는 드물다고 하네요. 먹는 것도 사람이나 동물이 아닌 식물의 줄기나 잎, 대나무의 어린 싹 등을 먹고 사는 완벽한 채식주의자입니다. 현재 지구상에는 2종의 고릴라가 있습니다. 아프리카 콩고의 저지대 열대 우림에 로랜드고릴라가, 높은 산악 지대에 마운틴고릴라가 살고 있죠. 특히 마운틴고릴라는 야생에 500~1,000마리밖에 남지 않아 심각한 멸종 위기에 처해 있습니다.

첫눈에 반하다 아프리카 코끼리

아프리카코끼리 암컷은 임신 기간만 22개월이 넘는데다 출산 후 2년 정도는 새끼 돌보기에 전념하느라, 몇 년간은 짝짓기에 관심조차 없습니다. 이렇게 몇 년의 기다림 끝에 드디어 발정기가 찾아왔다고 해도 암컷 코끼리의 마음에 드는 일은 결코 쉬운 일이 아니니, 수컷 코끼리로서는 참으로 안타까운 노릇이지요. 30년 넘게 케냐에서 아프리카코끼리를 연구한 신시아 모스는 발정기에 이른 암컷 티아가 자신을 향해 몰려드는 수많은 혈기왕성한 젊은 수컷들을 제쳐 두고 '배드불(bad bull)'이라는 이름의 늙은 수컷에게 첫눈에 반한 듯한 행동을 보였다고 합니다. 티아는 천천히 걸으면서 배드불이 자신을 따라오고 있는지 확인하기 위해 쉴 새 없이 고개를 돌려 뒤돌아보았습니다. 마침내 사랑을 나눈 그들은 꼬박 3일 동안 한순간도 떨어지지 않고 끊임없이 서로를 쓰다듬고 두드려 주며 오직 서로에게만 집중했습니다. 규칙적으로 음식을 먹지도 못하고 잠을 이루지도 못하면서 말입니다. 사랑에 빠지면 우리 인간도 그렇지 않나요? 밥 안 먹고, 잠 안 자도 에너지가 흘러넘치던 바로 그때, 사랑에 흠뻑 빠진 때 말입니다.

거대한 동물, 아프리카코끼리

육지에 사는 동물 중 가장 큰 동물이 바로 아프리카코끼리입니다. 어깨 높이가 3~4미터에 몸무게가 4~8톤에 이르지요. 코끼리는 가족 간의 유대가 매우 강한 모계 사회를 이루고 사는데, 가장 나이가 많은 암컷이 우두머리가 되어 가족을 이끕니다. 반면, 대부분의 수컷은 수컷들끼리 무리를 지어 생활하구요. 계절에 따라 먹이와 물을 구하기 좋은 곳으로 이동하며 지내는데 아프리카코끼리는 사하라 사막 아래의 아프리카 지역에서, 아프리카코끼리에 비해 몸집이 좀 작은 인도코끼리는 인도 및 동남아시아에서 볼 수 있습니다. 육상 최고 덩치답게 하루에 300킬로그램이 넘는 풀과 식물을 먹어 치우는데 그 배설물의 양만 해도 하루 평균 100~200킬로그램에 이른다고 하네요. 성인 여자 2~4명을 합친 무게라니 정말 놀랍지 않나요?

세상의 모든 푸른 빛을 그대에게
공단정자새

오스트레일리아와 뉴기니에 살고 있는 공단정자새(Satin Bowerbird) 수컷은 암컷을 위해 수없이 많은 물건들을 주워다가 집을 짓습니다. 새가 지었다고는 믿기 힘들 정도로 화려한 장식을 한 아름다운 집이어서 이 집을 최초로 발견한 박물학자는 인간이 만든 것이라 믿었다고 합니다. 이 새는 파란색을 유난히 좋아해서 파란색 깃털에서부터 파란 빛이 도는 곤충의 등딱지, 파란 꽃잎, 파란 열매, 어디서 구해 온 것인지 파란 빨대, 연필, 타일 조각까지, 온갖 파란색 물건들로 집 안 곳곳을 장식합니다. 이제 왜 이 새의 이름이 공단정자새인지 감 잡으셨죠? 네, 경치 좋은 곳에 쉬어 갈 요량으로 짓는 집을 뜻하는 정자(bower), 그리고 색깔이 화려하면서 광택이 있는 고급 비단인 공단(satin), 이 두 가지를 모두 연상케 하기 때문에 공단정자새라는 이름을 갖게 된 것입니다. 공단정자새 수컷은 자신이 구해 온 수집품들을 1제곱미터 정도 크기의 둥지 내에 아무렇게나 두는 것이 아니라 시간과 정성을 들여 특정 위치에 종류별로 배치합니다. 거기에서 끝나는 것이 아닙니다. 죽은 잎은 그 즉시 새것으로 대체하며 때에 따라서는 과일즙을 부리로 으깨 만든 페인트로 벽이나 장식품을 파랗게 칠하기도 한다고 하니 웬만한 예술가는 저리 가

SOLD
OUT

라 할 정도지요. 이렇게 수컷은 그야말로 아름다운 푸른빛 집을 지어 놓고는 암컷에게 구애를 합니다. 암컷은 수컷들이 지어 놓은 집들을 이곳저곳 방문해 본 다음 가장 마음에 드는 집의 주인과 짝을 맺지요.

동물 세계에도 발렌타인 데이, 화이트 데이가 있다?

발렌타인 데이, 화이트 데이가 다가오면 연인들의 마음은 설렙니다. 과자 업계에서 만들어 낸 상술이라지만, 초콜릿이나 사탕을 통해 사랑의 마음을 확실하게 전달할 수 있다는데 그 어떤 연인이 꿋꿋이 이 날을 무시하고 넘어갈 수 있을까요. 굳이 초콜릿과 사탕이 아니더라도 사랑을 고백하는 자리에는 어김없이 꽃이나 반지 등의 선물 공세가 등장하지요. 동물 세계도 이렇게 선물 공세로 구애를 하는 동물들이 있으니, 독일의 동물행동학자 비투스 B. 드뢰셔에 따르면 후투티는 마음에 드는 암컷에게 기름진 메뚜기 한 마리를 선물로 준다고 합니다. 유럽산 새호리기 수컷은 날개를 뗀 죽은 잠자리를, 갈매기나 펭귄 수컷은 물고기를 암컷에게 선사하구요. 펭귄 수컷은 때때로 돌멩이를 물고 와 암컷의 발 앞에 내려놓기도 합니다. 하찮은 돌멩이로 어떻게 암컷의 마음을 사로잡을 수 있을까 싶은 마음이 들기도 하는데요, 온통 눈과 얼음으로 뒤덮인 곳에서 둥지를 지을 돌은 정말 귀한 보석과도 같은 값어치를 지닌다고 하네요.

우리 방금 약혼했어요 기러기

우리나라 전통 혼례에는 신랑 측이 나무를 깎아 만든 목기러기를 신부 측에 전달하는 의식이 있습니다. 지금의 신부와 정절을 지키며 백년해로하는 기러기처럼 살겠다는 맹세의 의미로 말입니다. 사실 오랜 관찰과 연구들로 기러기들이 겉으로 보이는 것만큼 정절을 잘 지키는 동물이 아니라는 사실이 밝혀지기는 했지만 그래도 여전히 이들에게는 놀라운 습성이 하나 더 있습니다. 바로 오랜 약혼 기간을 가진다는 사실이죠. 기러기 수컷은 마음에 드는 암컷을 만나면 일정한 의식을 갖춘 춤을 추어 암컷에게 구애를 하는데, 암컷이 이를 받아들이면 그때부터 둘은 연인이 되어 항상 함께 붙어 다닙니다. 이 시기에는 번식과 관련된 신체 기관들이 활동을 하지 않기 때문에 사실상 짝짓기가 불가능한데도 예비 기러기 부부는 무려 석 달을 꼭 붙어 지낸다고 하네요. 순수한 정신적 사랑을 말하는 '플라토닉 러브(Platonic love)'가 떠오른다면 지나치게 인간적인 생각일까요? 기러기 부부는 그렇게 '약혼 기간'을 거친 후 봄이 되어서야 비로소 첫날밤을 보내고, 새끼를 낳아 기릅니다.

왜 기러기들은 V자 모양으로 날아갈까?

기러기는 우리나라에서 겨울을 나는 겨울 철새입니다. 겨울이면 호수나 갯벌, 논밭 위를 V자, U자, W자 편대를 형성해 날아가는 기러기 떼를 볼 수 있죠. 그런데 왜 기러기들은 굳이 이런 모양으로 날아가는 것일까요? 별 모양이나 원 모양, 일자 모양 등 수많은 다른 모양들을 제치고 말이지요. 그것은 바로 에너지 절감 때문입니다. 새들이 날갯짓을 할 때에는 날개 끝에서 상승 기류가 만들어집니다. 이러한 상승 기류는 바로 그 뒤를 따르는 새들에게 힘을 덜 들이고 하늘을 날 수 있는 원동력을 제공해 줍니다.(평균 10퍼센트 이상 에너지를 아낄 수 있다고 합니다.) 결국 선두에 선 새의 양 날개 끝에 각각 한 마리씩 자리를 잡게 되고 이렇게 꼬리에 꼬리를 물고 위치하다 보면 결과적으로 V자 편대를 이루게 되는 것이지요. 먼 거리를 이동해야 하는 철새들에게는 조금이라도 에너지를 아껴 체력 소모를 줄이는 것이 중요합니다. 실제로 이동하는 도중에 체력이 다해 대양 한가운데 빠져 죽는 새들도 있으니까요. 선두에는 가장 힘이 센 우두머리가 자리하고 우두머리가 지칠 때면 뒤따르던 새들이 번갈아 가며 자리를 바꿔 주기도 한다네요.

사랑하는 이를 잃은 슬픔 스텔라 바다소

이미 오래전에 멸종된 스텔라바다소는 거대한 고래를 제외하고 지구상에서 가장 큰 포유동물이었습니다. 18세기 초 아시아와 아메리카 대륙이 서로 이어져 있는 지를 알아보기 위해 탐험에 나선 덴마크의 항해가 비투스 베링의 배에 함께 승선했던 박물학자 게오르크 빌헬름 스텔라에 의해 처음으로 발견이 되었다 해서 스텔라바다소라 이름 붙여졌습니다. 듀공의 친척뻘인 이 동물은 몸길이 8미터, 몸무게 10톤에 꼬리의 너비가 2미터에 달해 자맥질을 할 때면 근처에 있던 보트가 뒤집힐 정도였다 합니다. 그러나 이들은 커다란 몸집과는 달리 날카로운 이빨도 없고 하루 종일 느긋하게 바다 밑 바위에 붙어 있는 바닷말을 뜯으며 사는, 온순한 성품의 소유자였습니다. 스텔라바다소는 1768년, 물범 사냥꾼들의 지나친 남획으로 멸종되고 말았습니다. 인간 세상에 알려진 게 1741년이었으니 불과 27년 만에 지구상에서 사라져 버린 셈이지요. 이렇게 단 기간에 멸종이 된 데에는 이들이 일부일처제를 지키며 서로서로를 몹시 위하고 아끼는 습성을 가졌던 것이 큰 영향을 준 듯합니다. 스텔라는 "선원들이 죽인 스텔라바다소 암컷의 사체가 파도에 실려 해변으로 밀려가자, 한껏 슬픈 눈빛을 한 수컷이 안부라도 묻듯 이틀 연속으로 찾아와 죽은 암컷의 몸에 제 몸을 비벼 댔다.”는 기록을 남겼습니다. 그뿐 아니라 스텔라바다소 한 마리를 칼로 베면 배우자나 가족으로 보이는 녀석들이 모두 몰려와서 상처 입은 녀석을 감싼 뒤 선원들로부터 떼어 놓으려 애썼으며, 심지어 힘을 모아 작살을 빼내는 데 성공하기도 했다고 합니다. 그러나 아무리 덩치가 크고, 아무리 많은 수가 힘을 합해도 ‘죽이고 말겠다’는 살기와 각종 무기들로 무장한 인간 사냥꾼 앞에서 그들은 결국 한낱 고기며, 가죽에 지나지 않았습니다.

일부일처제가 뭐지?

수컷 하나와 암컷 하나가 부부 관계를 맺는 것을 일컬어 일부일처제라 합니다. 새들 중에 약 90퍼센트와 포유류 중 약 5퍼센트가 이러한 일부일처제로 살아가는데, 대표적인 동물로 기러기, 황제펭귄, 늑대, 긴팔원숭이, 난장이몽구스 등이 있습니다. 그중에서도 토끼만 한 크기의 작은 영양 종류인 디크디크영양 부부는 아예 풀로 붙여 놓은 것처럼 찰싹 붙어 다니는 것으로 유명하죠. 지구상에 있는 동물들이 맺는 부부 관계에는 일부일처제 외에도 수컷 하나와 암컷 여럿인 일부다처제, 암컷 하나와 수컷 여럿인 일처다부제, 수컷 여럿과 암컷 여럿인 다처다부제 등이 있습니다.

우리 그냥 사랑하게 해주세요 — 큰고니

원래 동물은 신체적으로 같은 종끼리만 짝을 짓고 번식하게끔 만들어져 있습니다. 아무리 사랑에는 국경이 없다지만, 만약 동물들이 종의 구분 없이 제멋대로 짝을 맺고 새끼를 낳아 키울 수 있었더라면 지구는 지금쯤 영화 「스타워즈」를 방불케 하는 돌연변이 생명체들로 가득 찼겠지요?(아마 「스타워즈」는 그다지 볼 거리가 없는 영화가 되었을 테고 말이죠.) 어쨌든 종이 다른 동물들은 서식지의 차이, 습성 및 행동의 차이 때문에 서로 마주치기도 쉽지 않을 뿐더러 별 매력을 느끼지도 못합니다. 그러나 큰고니 텍스는 좀 달랐습니다.

다른 종의 동물에게서 키워진 동물은 나중에 성장해서 짝을 찾을 때, 자기를 키워 준 동물과 닮은, 즉 그 해당 종의 동물들 중에서 짝을 고르려 하기도 합니다. 큰고니 암컷, 텍스도 그랬습니다. 사람 손에서 태어나 자란 텍스는 짝짓기할 나이가 되자, '평균 키에 머리가 검은 백인 남성'에게 매력을 느끼는 듯했죠. 큰고니 수컷들에게는 전혀 관심을 보이지 않는 텍스 때문에 연구자들은 밤낮 없이 고민했습니다. 큰고니가 멸종 위기 종인 탓에 어떻게 해서든 텍스로 하여금 번식에 성공하도록 만들어야 했거든요. 결국 텍스를 교미가 가능한 상태로 만든 후 인공 수정을 하자는 작전이 세워졌고, 이를 위해 국제 두루미 재단 회장인 조지 아치볼드 박사(그가 바로 평균 키에 머리가 검은 백인 남성이었습니다!)가 여러 주에 걸쳐 텍스에게 구애 행동을 보였습니다. "우리는 하루 종일 함께 지내면서 이른 아침과 저녁이면 같이 춤을 추고, 벌레를 잡고 둥지를 지으며, 사람들로부터 우리 영토를 지켰다!" 결국 작전은 성공했고 텍스는 인공 수정을 거쳐 새끼 한 마리를 부화시켰습니다.

「백조의 호수」의 주인공, 고니

길고 유연한 목, 눈처럼 새하얀 털, 반짝거리는 호수 위를 미끄러지듯 유유히 떠가는 신비롭고 우아한 자태로 인해 백조는 수많은 예술 작품에서 주인공으로 등장합니다. 흔히 백조라 불리는 이 새의 우리말 이름은 고니입니다. 자연 상태에서 고니를 자세히 관찰하고 나면 '백조'의 이미지가 살짝 사라지기도 하는데요, 특히 물 위에서의 고고한 자태와 어울리지 않게 물 밑에서 다소 방정맞게 발길질을 해 대는 것을 볼 때가 그렇습니다. 사실 차이코프스키의 「백조의 호수」에서 프리마 발레리나가 몸을 꼿꼿이 세우고 재빠르게 발을 움직이는 것과 별 다를 게 없는 것 같지만 말입니다. 고니는 유럽과 러시아, 아시아 등지에 분포하고 우리나라에서는 큰고니, 혹고니와 함께 천연 기념물 제201호로 지정, 보호되고 있습니다.

막상 가장 소중한 것임에도 불구하고 늘 주변에 존재한다는 이유로, 익숙하다는 이유로 그 소중함을 잊곤 하는 것들이 있습니다. 든 자리는 몰라도 난 자리는 표가 난다고, 없어지고 나서야 비로소 그 가치를 깨닫게 되는, 우리 삶에 있어 정말로 소중한 것들. '가족'도 그중 하나가 아닐까요? 가족, 가만히 머릿속에 그려 보기만 해도 벌써 눈시울이 붉어지는, 가슴 따뜻해지는 말입니다. 가슴 뭉클한 가족 사랑은 사람 사는 동네에서뿐만 아니라 동물 세계에서도 쉽게 찾아볼 수 있습니다. 동물 세계의 가족애를 한번 들여다볼까요?

툰툰하게만 자라다오 치타

"나실 제 괴로움 다 잊으시고, 기르실 제 밤낮으로 애쓰는 마음……" 밤낮 가리지 않고 자식들의 안부를 걱정하는 게 어머니의 마음인가 봅니다. 한때는 당신도 한없이 받기만 하던 응석받이 딸이었지만, 일단 어머니란 존재가 되고 나면 언제 그랬냐는 듯 자식들에게 보답을 바라지 않는 사랑을 베풀기 바쁘십니다. 자식을 위해서라면 목숨까지도 내놓는 무한한 어머니들의 사랑, 어미 치타의 사랑도 그렇습니다. 먹이 사슬 꼭대기에 앉아 있는 육식 동물이라고 해서 자기 새끼의 안전까지 100퍼센트 보장할 수 있는 것은 아닙니다. 육상에서 가장 빠른 동물이자, 사냥의 명수로 꼽히는 치타 역시 마찬가지입니다. 새끼 치타가 거친 야생의 세계에서 살아남아 어른으로 성장할 확률은 겨우 5퍼센트에 불과한데요, 그나마 이 5퍼센트의 생존율조차도 어미 치타의 피눈물 나는 노력이 있기에 가능한 것입니다. 치타는 사자의 적수가 되지 못한다는 사실을 스스로도 잘 알고 있기 때문에 기껏 사냥해 놓은 먹잇감을 사자가 채 가도 불평 한 마디 하지 못합니다. 그러나 새끼의 목숨이 달린 문제라면 이야기가 달라지죠. 혼자 힘으로 새끼를 키우는 어미 치타는 사냥을 나갈 때는 물론, 평소에도 새끼들을 풀숲에 숨겨 놓습니다. 그런데 어미 치타가 사냥을 마치고 집으로 돌아오는 길에 새끼를 숨겨 놓은 풀숲 근처에서 어슬렁대고 있는 사자를 보게 되었다, 과연 어미 치타는 어떤 행동을 취할까요?
어미 치타는 새끼에게 바로 가지 않습니다. 멀리 떨어진 곳으로 가
서는 스스로 미끼 역할을 자청, 사자의 관심을 새끼로부터 자신에
게로 돌리려고 애를 쓰지요. 그래도 사자가 관심을 보이지 않으면
급기야는 공격이라도 할 기세로 돌진해 성난 사자가 자신을 뒤쫓
아 오게 만듭니다. 자신의 목숨이 위험해지는 것도 마다 않고 용감
무쌍한 행동을 보이는 것입니다.

치타는 어떻게 해서 그렇게 빨리 달릴 수 있을까?

아프리카 사바나에 사는 치타는 육지에 사는 네발 달린 동물들 중에서 가
장 빨리 달리는 동물입니다. 시속 90킬로미터까지 속도를 낼 수 있으며 단
거리일 경우에는 100킬로미터 이상으로 속도를 낼 수 있다고 합니다. 올
림픽 100미터 경주에서 금메달을 따려면 9초 이하로 달려야 하는데, 치타
는 3초 정도에 돌파하는 셈이지요. 가벼운 몸과 튼튼한 뒷다리, 탄력 있는
척추, 그리고 커다란 근육이 있어 치타는 명실공히 지상 최고의 단거리 달
리기 선수가 될 수 있었습니다. 고양잇과의 다른 동물들과 달리 발톱이 오
므라들지 않아 마치 스파이크화를 신은 것처럼 땅을 단단히 디딜 수 있는
것도 빨리 달리는 데 큰 영향을 줍니다.

마지막 그 순간 까지 덫문거미

대부분의 사람들이 끔찍하고 잔인한 동물로 여기는 거미도 자식 사랑은 지극합니다. 1800년대 중반, 영국의 곤충학자 J. T. 모그리지는 덫문거미 암컷을 관찰하던 중 어미 거미가 보인 모성애에 깊은 감동을 받았다고 합니다. 모그리지는 곤충 표본을 만들기 위해 어미의 등에 업혀 있던 새끼들을 모두 털어 낸 뒤 어미 거미를 알코올에 집어넣었습니다. 일반적으로 알코올에 들어간 대부분의 곤충들이 그렇듯 어미 거미 역시 한동안 몸부림을 쳤지요. 모그리지는 어미 거미가 단순히 반사 작용을 보이는 것이라 생각했습니다. 시간이 지나, 어미 거미의 감각이 완전히 마비되었으리라 생각한 그는 나머지 24마리의 새끼들도 알코올에 집어넣었습니다. 그러자, 죽은 듯 보였던 어미 거미가 다리를 뻗어 발버둥치는 새끼들을 제 품으로 모두 끌어안는 것이 아니겠습니까. 그러고는 완전히 숨을 거둘 때까지 새끼들을 끌어안은 다리를 풀지 않았다고 합니다. 결국 새끼 거미들도 모두 죽고 말았지만, 죽는 그 순간까지 새끼들을 품에서 놓지 않으려 한 어미 거미의 모성애는 정말 눈물겹습니다. 그런가 하면, 심지어 새끼에게 자기 몸을 먹이로 내어 주는 어미 거미도 있습니다. 나뭇잎을 돌돌 말아 만든 둥지 속에서 알을 낳는 염낭거미 어미는 새끼들이 자기 몸을 먹고 자라게 한다는군요.

왜 하필 이름이 덫문 거미일까?

덫문거미는 땅에 굴을 판 뒤 굴의 입구에다 변기 뚜껑처럼 올렸다 내렸다 할 수 있는 덫문을 달아 두기 때문에 이런 이름을 갖게 되었습니다. 이 덫문은 거미줄로 만들어져 있으며 땅과 수평인데다 교묘하게 위장이 되어 있기 때문에 덫문만 내리면 정말 감쪽같이 몸을 숨길 수 있습니다. 덫문거미는 굴 안에 숨어 있다가 곤충이 가까이 지나가면 재빨리 문을 젖히고 나와 먹이를 낚아챈 후 다시 순식간에 문을 닫고 들어가 굴 안에서 식사를 한다고 하네요.

이 한 목숨 바쳐서라면 누

아프리카 야생 하면, 으레 아지랑이가 피어오르는 대평원 위를 흙먼지를 날리며 쫓고 쫓기는 동물들의 모습이 제일 먼저 떠오릅니다. 이런 치열한 생존 경쟁 속에서 가젤이나 기린, 누, 얼룩말 같은 초식 동물의 어미들은 하이에나나 치타, 사자 같은 맹수의 공격으로부터 새끼를 지키기 위해 매일매일 사투를 벌입니다. 맹수의 앞길을 가로막아 새끼에게 도망갈 시간을 벌어 주거나, 아예 미끼가 되어 관심을 분산시키려 하기도 하고, 이미 맹수의 손아귀에 들어간 새끼를 구해 내기 위해 뿔을 들이대다가 상처를 입거나 심지어 목숨을 잃기도 합니다. 스스로 적수가 되지 못한다는 사실을 잘 알고 있으면서도 어미란 존재들은 새끼를 살리는 데 필사적입니다. 세렝게티 국립공원에서 하이에나를 연구하던 한스 크루크 박사가 목격한 어미 누도 그랬습니다. 하이에나 떼에게 쫓기던 중 새끼가 붙잡히자 어미는 용감히 하이에나 무리 속으로 뛰어들어 새끼를 물고 있는 하이에나에게 뿔을 들이댔습니다. 그 사이 또 다른 하이에나가 어미의 배를 물고 늘어졌지만 어미는 필사적인 몸부림으로 빠져 나온 뒤 새끼를 앞세우고 도망치기 시작했습니다. 그러나 얼마 못 가 어린 새끼가 또다시 잡히고, 어미는 다시 하이에나 무리로 달려들었죠. 여기저기 살점이 뜯기고, 피가 줄줄 흐르는 와중에도 어미의 머리 속에는 오로지 새

끼를 구해야 한다는 생각 하나뿐인 것 같았습니다. 비록 만신창이가 되었지만, 다행히도 어미는 새끼와 함께 하이에나의 공격에서 벗어날 수 있었습니다.

간사한 하이에나?

하이에나 하면 왠지 기회주의적이고 간사한 인물이 떠오릅니다. 「라이언 킹」에서 주인공 심바의 아버지이자 왕인 무파사를 죽이고 왕좌에 오르는 삼촌 스카의 부하들도 바로 하이에나들이었죠. 왜 하이에나들은 이런 부정적인 이미지를 갖게 되었을까요? 하이에나는 다른 동물들이 먹다 남긴 찌꺼기나 썩은 고기들을 먹어 치우는 청소부 동물입니다. 그렇기 때문에 사자나 치타가 한참 고생한 끝에 사냥에 성공하면 소리 소문 없이 등장하는 것이 바로 하이에나지요. 한참 식사에 열중하고 있는 사자나 치타 주위에서 이들의 눈치를 살피며 얼른 식사가 끝나기를, 그래서 남은 찌꺼기를 얻어먹기를 학수고대하며 얼쩡거리는 모습에서 이런 이미지가 탄생한 것이 아닌가 싶네요. 어쩌면 사람의 웃음소리처럼 들리는 하이에나의 소리도 간사한 동물처럼 보이게 하는 데 일조를 했는지도 모릅니다. 사실 얼룩 하이에나의 경우 강한 턱과 이빨을 가진 무서운 사냥꾼이기도 해서 얼룩말 같은 큰 초식 동물을 사냥하기도 한답니다.

니모를 찾아서 흰동가리

만화 영화 「니모를 찾아서」를 기억하시나요? 잠수부에게 잡혀 간 니모를 찾아 나선 아빠 물고기의 좌충우돌 모험담을 담은 이 애니메이션은 남녀노소를 불문하고 전 세계적으로 큰 인기를 끌었습니다. 무서운 상어 떼와 굶주린 아귀 등에도 굴하지 않고 아들을 찾겠다는 일념으로 망망대해를 누비는 아빠 물고기의 뜨거운 자식 사랑. 에이, 만화니까 그런 것이겠지 하고 넘겨 버린 사람도 있겠지만, 실제 이 만화의 주인공인 흰동가리 아빠들은 새끼들을 키우는 데 지극정성입니다. 흰동가리뿐만 아니라 수많은 종의 물고기 아빠들이 혼자서 혹은 엄마와 함께 새끼를 돌봅니다. 가장 대표적인 양육법이 입 안에다 알이나 새끼를 넣고 기르는 것인데 이것을 구강부화(mouthbrooding)라 합니다. 새끼를 입 안에 품고 있는 동안 아빠 물고기는 하품도 참고 기침도 참아야 하며 음식도 먹을 수 없습니다. 새끼들이 어느 정도 자라면 입 밖에서 자유롭게 놀게 해 주다가도, 위험 신호가 포착되면 아빠는 서둘러 새끼들을 입 안으로 빨아들입니다. 그리고 주변이 안전하다는 것이 확인되면 그제야 다시 새끼들을 밖으로 내뿜지요. 또, 바닥이나 물풀 등에 알을 낳는 물고기들은 알 주위에 신선한 공기를 충분히 공급하기 위해 쉴 새 없이 가슴지느러미를 움직여 부채질을 해 줍니다. 아빠 물고기들은 알을 먹으러 달려드는 거대한 포식자들에 대항해 용감히 싸우고, 둥지를 침략해 오는 불가사리 등을 부지런히 물어 딴 곳으로 옮기기도 합니다.

니모를 찾으려면 어디로 가야 할까요?

흰동가리는 인도양과 오스트레일리아 해안에서 쉽게 볼 수 있고, 겨울을 제외하고는 제주도에서도 볼 수 있습니다. 그러나 거기까지 가려면 시간과 돈이 만만치 않게 들기 때문에 가까운 수족관에 가서 보는 것도 한 방법이지요. 흰동가리가 있는 곳에서는 꼭 말미잘도 함께 있는 것을 볼 수 있습니다. 강한 독이 있는 말미잘은 흰동가리에게 안전한 은신처를 제공해 주는 대신 흰동가리가 먹다 떨어뜨린 음식 찌꺼기를 받아먹습니다. 그렇다면 흰동가리는 어떻게 해서 말미잘의 강한 독에 중독되지 않고 말미잘 사이를 자유자재로 드나들 수 있을까요? 그 이유에 대해서는 학자마다 의견이 다른데 태어날 때부터 면역성이 있다는 의견, 한 번 독에 쏘인 후 면역성이 생겼다는 의견, 흰동가리 몸에도 유사한 독이 있어 말미잘이 흰동가리를 제 몸의 일부로 여긴다는 의견 등이 있습니다. 만화 영화 「니모를 찾아서」를 보고 감명을 받은 사람들이 키우고 있던 흰동가리를 바다로 돌려보내기 위해 변기에 넣고 물을 내리거나, 호수, 강 등에 놓아 주는 웃지 못할 일들이 벌어지기도 했습니다. 그러나 이것은 흰동가리를 두 번 죽이는 일! 흰동가리는 바닷물에서만 살 수 있는 물고기이기 때문입니다.

최고의 부성애를 자랑하는
황제 펭귄

세계적인 베스트셀러 『코끼리가 울고 있을 때』의 저자 제프리 메이슨은 인간을 포함해 세상에서 가장 부성애가 뛰어난 종으로 황제펭귄을 꼽습니다. 최근에 개봉한 다큐멘터리 영화 「펭귄, 위대한 모험」에서도 황제펭귄 아빠의 지극정성 자식 돌보기를 엿볼 수 있었죠. 남극에서 사는 황제펭귄은 겨울철이 되면 짝짓기를 하기 위해 물 밖으로 나와 그들만의 은밀한 장소로 모여듭니다. 신기하게도 같은 날, 같은 장소에 모두가 집합하여 암컷 한 마리와 수컷 한 마리가 짝을 짓는데, 짝짓기가 끝나고 알을 낳느라 지친 암컷 펭귄은 영양 보충을 할 겸, 미래의 새끼에게 줄 먹이를 구할 겸, 바다로 떠납니다. 그러고 나면 아빠 펭귄들은 시속 160킬로미터의 눈보라가 휘몰아치는 영하 60도의 얼음 바닥 위에서 거의 네 달 반 동안을 먹지도 자지도 못한 채 알을 품습니다. 마치 사극 배우들이 석고대죄를 올리듯이 말입니다. 덕분에 알을 품는 동안 아빠의 몸무게는 절반으로 줄어들고, 알이 발등 아래로 굴러 떨어지는 순간 알이 꽁꽁 얼어 버리기 때문에 잠시도 한눈을 팔지 못합니다. 알에서 새끼가 깨어나면 그때부턴 엄마와 아빠가 번갈아 가며 새끼에게 줄 먹이를 물어 옵니다. 펭귄들은 먹이를 소낭(모이주머니)에다 보관해서 운반해 오는데 이때 먹이가 소화되지 않도록 아예 소화 기능을 정

지시켜 버린다고 합니다. 새끼에게 먹이를 줄 수 없는 상황이면 그냥 토해 버릴지언정 자기가 먹는 일은 없다구요. 한 사육장에서는 먹이로 배급받은 물고기를 모조리 새끼에게 토해 주어 굶어 죽은 황제펭귄도 있었다고 하니, 자식 사랑이 어느 정도일지 짐작할 만하지 않나요?

펭귄의 발은 동상에 안 걸릴까?

수많은 조류 중에서도 물과 추위에 가장 잘 적응한 새가 바로 펭귄입니다. 윤기 나는 촘촘한 깃털과 두꺼운 지방층은 영하의 날씨에서도 체온을 유지하게 해 줍니다. 그렇다면 민둥민둥 털 한 오라기 없는 발은? 항상 얼음을 딛고 서 있어야 하는 가엾은 발은 왜 동상에 안 걸리는 걸까요? 사실 펭귄뿐만 아니라 대부분의 물새들의 발은 동상에 걸리지 않습니다. 이들의 체온 시스템이 특이하기 때문인데요, 보통 새들의 몸은 섭씨 40~41도의 체온을 유지하는데, 다리와 발은 외부 기온에 가까운 온도를 유지한다는군요. 어떻게 이런 일이 가능한 것일까요?

새들은 몸과 다리를 잇는 관절 부위에 원더네트(wonder net)라고 불리는 일종의 열교환 기관을 가지고 있습니다. 덕분에 발 부근의 차가운 피는 이 원더네트를 통해 따뜻하게 데워진 다음 몸 안으로 흘러가고, 반대로 몸통의 따뜻한 피는 적당히 식은 후에 발끝으로 흘러가게 되는 것이지요. 그렇지 않다면, 온몸의 체온이 점점 낮아져 얼어 죽거나 또는 발이 동상에 걸리겠죠.

새끼와 놀아주는 프레리도그

놀이란 단순히 '논다'는 의미 외에도 신체적, 사회적 발달을 돕는 공부 또는 교육의 의미도 가지고 있습니다. 대부분의 포유류 새끼들이 놀이를 즐기는데, 최근 많은 종의 아빠 동물들이 하루 일과 중 많은 시간을 자식들과 노는 데 보내는 것으로 밝혀지고 있습니다. 귀여운 생김새로 인기를 모으고 있는 프레리도그 역시, 먹고 자는 것을 제외한 나머지 대부분의 시간을 새끼들과 놀아 주는 데 할애하는 다정한 아빠입니다. 미시건 대학교의 생물학자 존 A. 킹의 연구에 따르면 프레리도그 중에는 놀아 달라고, 혹은 털고르기를 해 달라고 졸라 대는 아이들의 부탁을 거절하는 아빠는 없다고 합니다. 엎치락뒤치락 씨름 놀이도 해 주고, 온몸을 핥아 주고 다듬어 주다가 꼭 붙어 잠이 들기도 하구요. 혹시 철없는 새끼가 아빠 품을 파고들어 젖이라도 찾을 때면, 아빠는 부드럽게 제지하면서 그 대신 털을 골라 줍니다. 새끼들이 아빠를 쫓아다니며 기어오르는 등 별짓을 다 해도 채이거나 물리거나 맞는 일은 거의 없다고 하네요. 그렇다고 프레리도그 아빠들이 할 일이 없어서 자식들과 놀기만 하는 것은 아닙니다. 존 훅랜드 박사는 프레리도그 아빠가 영역을 수호하고, 경고음을 내고, 굴 주변에 감시탑 언덕을 만들고, 굴 입구를 지키는 등 다른 일에도 무척 성실하고 활동적이라고 합니다. 놀아 주는 일이 뭐 그리 대단

하다고 이러는지 싶겠지만, 우리의 모습을 한번 살펴볼까요. 얼마 전, 우리나라 고교생 중 22퍼센트가 "아버지와 대화하는 시간이 하루에 1분이 채 안 된다."라고 대답했다는 조사 결과가 나왔습니다. 물론 하루 종일 밖에서 일하고 피곤에 절은 아빠께 프레리도그 아빠처럼 밤새 놀아 달라고, 억지로 떼를 쓰려는 것은 아닙니다. 단지 하루에 10분만이라도 함께 대화할 수 있는 아빠, 자식에게 관심을, 사랑을 보여 주는 아빠를 원할 뿐. 세상의 모든 아빠들, 자식들에게 사랑을 보여 주세요. 보여 주지 않으면 아무도 모른다구요, 네?

키스하는 프레리도그

미국 서부와 멕시코 북부의 초원에 사는 프레리도그는 몸길이 30센티미터 정도의 작은 동물입니다. 개처럼 짖는 듯한 소리 때문에 이름에 도그(dog)가 들어가긴 했지만 실제로는 다람쥐과의 동물이지요. 가늘고 짧은 다리에 비해 매우 오동통한 몸매를 가진 프레리도그는 온몸이 황갈색의 털로 뒤덮여 있습니다. 초원 아래 굴을 파고 그 속에서 무리를 이루어 생활하는 이들은 굴 안을 오가며 마주칠 때마다 키스를 하는데요, '인식 키스(recognition kissing)'라고 하는 이 '키스'를 통해 자신의 무리 구성원인지 아닌지를 알아채며 사회관계를 유지하는 역할을 한다고 합니다. '만나면 반갑다고 뽀뽀뽀'라고나 할까요.

아빠가 임신을? 해마

지금은 미국 캘리포니아 주지사로 정치 활동에 여념이 없지만, 우리에게는 근육질 액션 배우로 더 유명한 아널드 슈워제네거가 출연한 영화 중에 기발한 영화가 한 편 있습니다. 「주니어」는 남자, 그것도 우락부락한 근육질의 남자가 여성의 전유물인 임신을 하게 되면서 일어나는 에피소드들을 담은 영화지요. 아니, 이게 현실 세계에선 어디 가당키나 한 일입니까? 복부 비만이라면 몰라도 임신으로 배가 부른 남자라니요. 그런데, 지구상에 정말로 임신을 하는 아빠가 있습니다. 바로 해마지요. 해마 아빠는 지구상에서 유일하게 엄마를 대신해 임신을 하는 동물입니다. 해마 수컷은 배에 작은 육아 주머니를 가지고 있어 암컷이 여기에다 산란관을 삽입하여 알을 낳습니다. 그 안에서 수정, 부화된 새끼 해마들은 어느 정도 자랄 때까지 아빠의 주머니에서 나오는 분비물을 먹고 자랍니다. 새끼들이 자라는 동안 수컷의 배는 점차 부풀어 올라 그야말로 남산만 해지고, 몇 주가 지나 분만이 시작되면 완벽하게 아빠를 빼닮은 새끼 해마들이 세상으로 나오게 됩니다. 우리 머리로는 임신하는 아빠란 상상하기도 힘들지만, 별의별 일이 다 있는 동물 세계에서는 그쯤이야 아무 일도 아니겠죠?

바다의 말 해마?

전 세계의 열대, 온대 해안에서 볼 수 있는 해마는 머리가 말의 머리를 닮았다 하여 해마라는 이름이 붙여졌습니다. 8센티미터 길이의 온몸엔 딱딱한 골판(骨板)이 뒤덮고 있습니다. 다른 어류들처럼 헤엄치지 못하고 돌돌 말린 꼬리로 해조류나 그 밖의 식물들을 쥐고 있거나 대개 수직으로 선 상태로 헤엄을 칩니다. 번식기 동안에는 한 배우자에게만 충실해서 이 기간 중에는 배우자가 부상당했거나 번식할 수 없는 상황이어도 절대 다른 짝을 찾지 않는다고 하네요. 단지 한쪽이 죽거나 사라져 버렸을 때만 번식기 동안의 '결혼' 관계가 깨진다구요.

따뜻한 형제애 비버

최근 학자들은 한 살 배기 비버들이 갓 태어난 동생들의 털을 다듬어 주고 같이 놀아 주며 먹이까지 가져다준다는 사실을 확인했습니다. 강이나 호수에 살면서 댐을 만드는 것으로 유명한 비버는 뜨거운 가족애를 자랑하는 무척 사교적인 동물입니다. 이들은 댐이 완성되면 중심부에 나무, 돌, 흙을 이용해 섬을 만들고 그 속을 파서 보금자리를 만듭니다. 겨울 동안 비버 가족은 대부분의 시간을 이 보금자리에서 지내는데, 어린 동생들이 굴러 떨어져 물에 빠지면, 한 살 배기 오빠나 언니가 동생을 건져 앞발로 안고 집 안의 마른 바닥으로 데리고 갑니다.(비버는 뒷발로 서서 걸어 다닐 수 있기 때문에 여러 가지 물체를 양 앞발로 들어 옮길 수 있습니다.) 한 살 배기 언니, 오빠들은 젖먹이는 것을 제외하고는 부모가 새끼를 키울 때 하는 대부분의 일들을 한다고 하네요.

비버 외에도 많은 동물들이 일정 나이가 될 때까지 부모와 함께 살면서 새로 태어난 동생을 돌봐 줍니다. 먹이도 주고, 씻겨도 주고, 위험으로부터 보호해 주고, 또 같이 놀아도 주죠. 부모가 죽었을 경우라도 새끼가 너무 어리지만 않다면 나이 많은 형제들이나 이모, 삼촌 등 친척의 도움으로 무사히 자랄 수 있습니다.《내셔널지오그래픽》의 사진작가로 활동하며 아프리카 야생 생태계의 생생한 모습을 사진에 담은 휴고 반 라빅은 아프리카사냥개 무리에게서 이

런 광경을 목격했습니다. 응고롱고로 분화구에 살던 아프리카사냥
개 무리 중 홍일점이던 암컷이 생후 5주 된 새끼 9마리를 남겨 두고
죽고 말았습니다. 그러자, 나머지 수컷들이 힘을 합쳐 이 새끼들을
정성껏 보살폈는데, 사냥에서 돌아온 수컷들은 새끼들이 충분히
자라 스스로 먹이를 구할 수 있을 때까지 자신들의 먹이를 토해 나
눠 주었다네요. 그 덕에 새끼들은 무사히 자라 건강한 어른으로 성
장했다고 합니다.

세계 최고의 건축가 비버

한 아파트 광고에서 건축소장으로 등장해 많은 사람들에게 웃음을 안겨
준 동물 비버. 비버는 댐 만들기의 명수입니다. 비버의 댐은 보통은 그 길
이가 20~30미터지만 때로는 수백 미터를 넘는 것도 있습니다. 댐 속 보금
자리도 매우 커서, 사람이 서서 들어갈 수 있을 정도라고 하네요. 뛰어난
나무꾼이기도 해서 어린 나무는 물론 지름이 1미터가 넘는 큰나무까지도
앞니로 단시간에 갉아 넘어뜨린 후 운반하기 좋은 크기로 잘라 직접 만든
수로를 따라 끌고 가거나 물 위에 띄워 운반합니다. 앞발에 비해 무척 큰
뒷발에는 물갈퀴가 있고, 온통 비늘로 덮인 꼬리는 마치 넙적한 노처럼 생
겨 헤엄치기에 딱 좋습니다. 주로 나무의 부드러운 껍질이나 새싹 등을 먹
는데, 깊은 물 속 진흙 바닥에 놓아두었다가 겨울 양식으로 쓰기도 합니다.

새끼 영양을 입양한 사자

광활한 아프리카 대초원을 지배하는 사자 이야기로 넘어가 볼까요? 이미 2마리의 새끼를 키우고 있던 칼리라는 이름의 암사자가 다른 암사자가 버리고 간 새끼 3마리를 입양해 무려 5마리나 되는 새끼를 돌보는 모습이 다큐멘터리 필름에 담긴 적이 있습니다. 건기인 탓에 누 떼를 비롯한 대부분의 사냥감들이 다른 지역으로 이동한 후였지만, 칼리는 새끼 전부를 무사히 키워 냈습니다. 2002년 케냐에서 일어난 일은 이보다 더 놀랍습니다. 삼부루 국립공원 내에서 젊은 암사자 한 마리가 아기 오릭스와 함께 있는 모습이 발견되었습니다. 오릭스는 사자가 먹이로 삼는 영양의 한 종류이기 때문에, 사람들은 당연히 곧 끔찍한 살육의 광경이 펼쳐지리라 예상을 했지요. 그러나 예상은 빗나가고 놀라운 일이 일어났습니다. 암사자는 아기 오릭스를 잡아먹기는커녕 마치 제 자식이라도 되는 것처럼 사이좋게 초원을 거닐었고 아기 오릭스 역시 암사자를 무서워하지 않았습니다. 더 놀라운 것은 그 순간부터 암사자가 사냥을 하지 않았다는 것입니다. 10일째 되던 날, 그야말로 피골이 상접한 암사자를 안타깝게 여긴 다큐멘터리 촬영팀이 고깃덩이를 던져 주었지만 암사자는 잠시 냄새를 맡더니 아기 오릭스를 데리고 다른 곳으로 가 버렸습니다. 15일째 되던 날이었습니다. 수사자가 나타나 아기 오릭스를 잡아먹어 버리고 말았습니다. 어찌하지도 못하고 울부짖던 암사자는 아기 오릭스의 핏자국 주위를 맴돌며 한참 동안 그 자리를 떠날 줄을 몰랐습니다. 삼부루 원주민 말로 '축복받은 자'를 뜻하는 카문약이라는 이름을 갖게 된 이 암사자는 그 후로도 다섯 번이나 더 새끼 오릭스를 입양했다고 합니다.

게으른 수사자

황금빛의 멋진 갈기, 대초원을 쩌렁쩌렁 울리는 포효, 가히 사자는 '백수(百獸)의 왕'이라 불릴 만한 외모와 자태를 타고난 듯합니다. 그러나 실제 아프리카에서 용맹스러운 사자의 모습을 보기란 쉽지 않습니다. 찌는 듯이 더운 사바나에서 사자들은 에너지를 절약하기 위해 하루 24시간 중 23시간가량은 아무것도 하지 않는 상태로 보냅니다. 머리 꼭대기에서 강렬하게 태양이 내리쬐는 한낮에는 우윳빛 배를 드러낸 채 초원 위에 벌렁 드러누워 낮잠을 자는 사자들을 쉽게 볼 수 있습니다. 한 술 더 떠 수사자는 아예 사냥에 나서지도 않습니다. 암사자보다 행동도 느린데다 먹잇감에게 쉽게 발각이 되기 때문에 오히려 사냥에 안 나서는 게 도움이 되는 듯도 하지만, 그래도 왠지 고생고생해서 암사자가 사냥에 성공하면 그때서야 위풍당당한 모습으로 나타나 암컷보다 먼저 맛있는 부위를 먹어 치우는 수사자를 보면 얄밉다니까요.

어르신을 공경하는 코끼리

코끼리는 가장 나이 많은 암컷이 우두머리가 되는 모계 중심의 사회를 이루고 삽니다. 잠비아의 카푸에 국립공원에서 12마리의 암코끼리와 4마리의 새끼로 이루어진 야생 코끼리 무리를 관찰하고 있던 A. 요한은, 무리를 진두지휘하고 있는 우두머리 옆에 늘 한두 마리의 코끼리가 붙어 있다는 사실을 알게 되었습니다. 알고 보니, 그 우두머리는 60세가량 된 할머니로 두 눈을 모두 실명하여 앞이 보이지 않는 상태였습니다. 코끼리들은 장님 할머니를 따라다니며 돌덩어리, 경사, 가시덤불, 독사 등의 위험한 장애물을 경고해 주고 있었던 거지요. 더 놀라운 사실은 이 무리가 행군의 방향을 할머니 코끼리의 지시에 따르고 있었다는 것입니다. 왜 하필이면 장님 할머니를 따르고 있었을까요? 앞도 잘 보이고 기력이 좋은 젊은 코끼리들도 많은데 말입니다. 그것은 바로 할머니 코끼리만이 가질 수 있는, 오랜 세월 동안 축적된 인생 노하우를 인정하고 존중하기 때문이겠지요. 사자 무리와 사냥꾼은 어떻게 피해야 하는지, 어디에 가야 맛있는 먹이와 물을 얻을 수 있는지, 또 시원한 진흙 목욕을 하며 쉴 수 있는 곳은 어딘지 등을 잘 안다는 것은 코끼리 무리에게 매우 중요한 일입니다. 적이 나타나도 사전에 눈치 챌 수 없다면? 심한 가뭄 속에서 물을 찾을 수 없다면? 그것은 곧 죽음을 의미합니다. 무리 전체의 생사가 할머니가 오랫동안 체득

해 온 경험과 지혜에 달려 있다는 것을 잘 알고 있기에, 이미 새끼도 낳을 수 없는데다 약하고 병이 들었음에도, 모두가 자발적으로 그녀를 존중하며 보살폈던 것입니다.

영화 「웰컴 투 동막골」에서 평화로운 마을 동막골을 이끌고 있는 사람은, 가장 많이 배운 김 선생님도, 혈기왕성한 장년층의 누군가도 아닙니다. 다름 아닌 가장 나이 많은 호호 할아버지 촌장님이지요. 인민군 장교 리수화가 촌장님께 다가가, "거, 큰소리 한 마디 티 디두 않고, 마을 사람들을 지도하는 뛰어난 영도력은 오데서 나오는 겁네까?"라고 묻자, 촌장님은 이렇게 답합니다. "머를 마이 메겨야지." 배불리, 많이 먹일 수 있는 비결 역시 촌장님의 오랜 연륜과 경험, 지혜에서 우러나오는 것이 아닐까요?

아프리카코끼리와 아시아코끼리는 어떻게 구분할까?

현재 지구상에 살고 있는 육지 동물 중 가장 몸집이 큰 녀석은? 바로 코끼리입니다. 코끼리는 지능도 무척 높은 것으로 알려져 있는데 크게 아프리카코끼리와 아시아코끼리로 나뉩니다. 아프리카코끼리는 귀와 몸집이 아시아코끼리보다 크고, 등 가운데가 움푹 패여 있습니다. 코에 있는 주름도 아프리카코끼리가 훨씬 많죠. 아시아코끼리는 이마가 둥글며 등은 반듯하거나 혹이 나 있습니다. 코끝도 서로 다른데 아프리카코끼리는 둘로 갈라져 있지만 아시아코끼리는 하나로 되어 있습니다.

영화 「엑스맨」에는 돌연변이로 태어난 초능력 인간들이 등장합니다. 미래를 내다보는 것은 물론, 눈빛으로 강한 폭풍을 일으키고, 상대방의 생김새며 목소리까지 그대로 복제해 내기도 하죠. 아무렴 이런 초특급 공상 과학 영화에 등장하는 주인공들에 비할쏘냐만은, 노벨상을 받은 동물행동학자 니콜라스 틴버겐도 "살아 있는 생물체에게서 초감각적 지각이 나타날 수 있다."고 말한 바 있듯 이 지구상에는 엑스맨에 필적할 만한 기상천외한 능력을 가진 동물들이 실제로 존재합니다. 모르긴 해도 한데 모아 놓으면 근사한 '엑스 동물' 영화 한 편쯤은 거뜬히 찍을 수 있지 않을까요?

지축을 울리는
낮은소리 **코끼리**

지구상에서 가장 큰 소리를 내는 동물은 누굴까요? 다름 아닌 흰긴수염고래와 수염고래입니다. 이들이 내는 초저주파음은 그 크기가 최고 188데시벨까지 측정됩니다.(사람은 120데시벨부터 귀에 통증을 느끼게 되는데, 제트 비행기의 엔진 소리가 보통 130데시벨이라고 합니다.) 때문에 한 학자는 우주인이 지구를 발견한다면, 아마도 고래의 울음소리를 가장 먼저 듣게 될 것이라고 말한 바 있습니다. 수염고래류의 저주파 울음소리는 수백 킬로미터 밖까지 전달된다니 저 멀리 다른 대양에 살고 있는 친구나 가족과도 손쉽게 대화를 나눌 수 있을지도 모르겠네요.

기린과 오카피, 코끼리도 초저주파를 쓰는 것으로 알려져 있습니다. 1984년, 코넬 대학교의 케서린 페인 박사는 한 동물원에서 코끼리를 관찰하던 중 이상한 느낌을 받았습니다. 아무런 소리도 들리지 않음에도 마치 거대한 오르간 파이프가 연주될 때처럼 반복적인 진동이 느껴지는 것이었습니다. 특수 장치를 사용해 녹음을 해 본 결과, 주범은 코끼리로 밝혀졌습니다. 앞발을 굴려 인간으로서는 들을 수 없는 초저주파로 의사소통을 하고 있었던 것입니다. 이때 발생하는 진동은 50킬로미터나 떨어진 다른 코끼리에게까지 전달이 된다고 하니 일종의 무선 전신 시스템이라고나 할까요? 사실 이 세상은 수많은 동식물들이 만들어 내는 수많은 신호들로 가득 차 있습니다. 비록 우리에게는 보이지도 들리지도 않지만 말입니다.

초음파란?

소리는 진동에 의해 만들어집니다. 이 소리의 진동을 음파라 하는데, 진동이 빠를수록 음파의 파장이 짧고 고음이 되는 반면, 진동이 느릴수록 파장이 길고 저음이 됩니다. 사람이 들을 수 있는 가청주파수(20~2만 헤르츠) 이하를 초저주파, 그 이상을 초음파(고주파)라 하지요. 박쥐는 칠흑 같은 어둠 속에서도 나뭇가지나 전깃줄에 부딪히지 않고 유유자적 날아다니며 벌레를 잘도 잡습니다. 초음파를 쏜 뒤 그 초음파가 물체에 부딪혀 되돌아오는 것을 통해 전방에 있는 장애물이나 먹잇감을 감지할 수 있기 때문이지요. 불과 0.5초 만에 모기 2마리를 잡을 수도 있고, 머리카락보다 가는 물체도 피할 수 있습니다. 심지어 어떤 종은 물 속에서 헤엄치는 물고기가 일으키는 물결 파장을 탐지해 물고기를 잡아먹기도 한다네요.

나 잡아봐라 파리

웽웽거리며 끊임없이 주위를 맴돌아 성가시게 하는 파리. 적절한 순간에 잽싸게 내리쳤다고 생각했는데 파리는 온데간데없고 민망하게 파리채만 덩그러니 남기 일쑤죠. 어쩌면 그리도 날렵할까요? 그 비밀은 바로 '눈'에 있습니다. 인간의 눈은 하나의 수정체가 하나의 완성된 상을 만들어 냅니다. 이에 비해 곤충은 수정체 역할을 하는 낱눈이 벌집처럼 모인 '겹눈'을 가지고 있는데, 이 낱눈마다 하나씩의 상이 생깁니다. 그리고 이 작은 상들이 합쳐져 커다란 모자이크 영상을 만드는 것이지요. 파리의 낱눈은 무려 4,000개나 됩니다. 작은 픽셀(홑눈)들이 모여 하나의 이미지(전체 상)를 만들어 내는 디지털 사진이나 컴퓨터 모니터의 해상도 원리를 생각하면 좀 더 이해하기 쉽겠죠? 이 모자이크 영상은 선명도가 떨어져 정확한 형체를 인식하기에는 어려움이 있지만, 움직임을 더 과장되어 보이게 하는 특성이 있어서 미세한 움직임도 잘 포착해 낼 수 있다고 합니다.

게다가 밝은 곳에서 움직이는 영상을 볼 때, 인간의 눈은 1초에 최고 50개(어두운 곳에서는 더 적어집니다.)의 정지 이미지를 볼 수 있지만 잠자리의 눈은 여섯 배나 많은 300개의 이미지를 포착해 낼 수 있습니다.(잠자리의 홑눈은 약 3만 개입니다.) 때문에 잠자리는 초당 200~300번 불빛을 껐다 켰다 해도 그 깜빡임을 고스란히 눈치 챌 수 있고 그렇기 때문에 빠르게 날아다니면서도 주변 상황을 잘 볼 수 있습니다. 아마 잠자리와 함께 극장에서 영화를 볼 일이 생긴다면, 보는 내내 잠자리의 볼 멘 소리를 들어야 할지도 모르겠네요. '나더러 지금 슬라이드쇼를 보라는거야?'

뒤에도 눈이 있다, 인공 잠자리 눈 개발!

2005년 11월 18일자 《사이언스》 표지는 미국 캘리포니아 주립대학교의 이평세 교수팀이 개발한 '인공 잠자리 눈'이 장식했습니다. 아무리 숨을 죽이고, 발걸음을 죽이고, 뒤에서 슬그머니 다가가도 어떻게 잠자리는 알아챘는지 잽싸게 날아가 버리죠. 뒤에도 눈이 달렸나 하는 생각이 들 정도인데요, 실은 그런 셈입니다. 축구공을 반으로 잘라 양쪽에 붙여 놓은 듯한 잠자리의 눈은 시야가 거의 360도까지 펼쳐지거든요. 게다가 빠르게 움직이는 대상을 감지하는 데에도 탁월한 능력을 가지고 있기 때문에 이 인공 잠자리 눈이 실용화되기만 한다면 정찰용이나 경비용, 의학용 등 매우 다양한 분야에서 사용될 수 있을 거라는군요.

혀로 냄새 맡는 뱀

방울뱀과 살모사는 그야말로 '쥐 죽은 듯' 땅굴 속에 숨어 있는 쥐도 귀신같이 찾아냅니다. 사실 대부분의 뱀은 시력도 엉망인데다 귀머거리에 코머거리이기까지 하죠. 그렇다면 귀신같은 사냥법은 도대체 어디에서 나오는 걸까요? 타고난 생김새를 가지고 뭐라 하긴 그렇지만, 말이야 바른 말이지 두 갈래로 끝이 나뉜 혀를 날름거리고 있는 뱀의 모습은 솔직히 좀 그렇습니다. 마치 먹잇감이 잔뜩 약이 오른 나머지 뒷목이라도 부여잡고 그냥 쓰러져 죽길 바라는냥 쉴 새 없이 '메롱메롱' 혀를 내미는데, 사실은 열심히 냄새를 맡고 있는 중입니다. 뱀은 공기 중에 떠도는 냄새 분자를 혀에 묻혀서 입 천정에 있는 야콥슨기관으로 전달합니다.

뿐만 아니라 뱀은 적외선 탐지기도 가지고 있습니다. 살모사의 얼굴을 자세히 들여다보면, 마치 콧구멍이 2쌍인 것처럼 보이는데요, 가운데 1쌍만 진짜 콧구멍이고 그 양쪽 바깥에 있는 구멍 2개는 적외선 탐지기 역할을 하는 '열 감지 기관'입니다. 체온이 있는 동물을 비롯해 열을 지니고 있는 모든 물체는 적외선을 방출하지요.(적외선은 우리 눈에는 보이지 않지만 피부에 느껴지는 따뜻한 느낌으로 탐지할 수 있습니다.) 살모사는 열 감지 기관을 통해 먹잇감이 내뿜고 있는 적외선(열)을 감지하여 형태를 그려 냅니다. 성능도 매우 뛰어나서 15센티미터 깊이 아래 땅굴에 숨어 있는 쥐의 섭씨 0.003도의 체열차까지도 눈치 챌 수 있다고 하네요.

빛의 영역과 적외선

무려 1만 7000가지 색깔을 구별할 수 있는 인간은 다른 동물들을 색맹이라며 얕잡아 보곤 하지만, 그들에겐 오히려 우리 인간이 한심해 보일지도 모르겠습니다. 인간은 빨주노초파남보, 7가지 색으로 이루어진 가시광선 스펙트럼만 볼 수 있지만, 다른 동물들은 우리로서는 도저히 볼 수 없는 것들을 볼 수 있기 때문이죠. 벌, 나비 등은 보라색 너머 자외선을 감지할 수 있고, 금붕어와 방울뱀은 빨간색 너머 적외선을 볼 수 있으며, 고양이는 자외선보다도 더 파장이 짧은 X선까지 감지한다고 합니다. 아무런 소리도, 아무런 움직임도 없는데 느닷없이 비명을 지르는 고양이. 때문에 귀신을 보는 요물이라는 오명을 씌워 고양이를 배척하기도 하는데, 고양이로서는 정말 억울한 노릇이 아닐 수 없습니다. '아니 너희들한텐 저 X선이 안 보인단 말이냐!'

기똥찬 귀소 본능 연어

1993년, 대구로 팔려 갔던 한 진돗개가 무려 7개월 후, 300킬로미터나 되는 먼 길을 달려 전라남도 진도의 옛 집으로 돌아온 일이 있었습니다. 바로 만화 영화「돌아온 백구」의 실제 주인공인 '백구'의 이야기입니다. 2000년 7월에는 개고기 장사꾼에게 팔려 간 진돗개 잡종 '곰'이 13일 만에 주인을 찾아온 일도 있었죠. 이렇게 동물들이 집을 찾아 되돌아오는 것을 귀소 본능이라고 부르는데, 진돗개 외에도 많은 동물들이 이런 능력을 갖고 있습니다.

바다거북 새끼는 태어나자마자 망망대해로 나갑니다. 돌봐 주는 어미도 없고 지도도 나침반도 없지만, 이들은 30년쯤 지나 짝짓기를 할 때가 되면 정확히 자기가 태어난 곳으로 돌아옵니다. 학자들은 거북의 몸속에 있는 자철광이라는 미세한 자석 물질이 지구 자기장, 자기의 세기 및 각도를 정확히 감지해 좌표를 산출해 주기 때문에 길을 잃지 않는다는 사실을 밝혀냈습니다. 또 매년 가을이면 강원도 양양 남대천은 강을 거슬러 오르는 연어 떼로 장관을 이룹니다. 이들은 북태평양 및 베링 해로 떠났다가 3~5년이 지나 자기가 태어난 하천으로 돌아오는 것인데요, 최근 이들이 태어난 강의 냄새를 기억하고 그 냄새에 의존해 모천으로 돌아온다는 사실이 밝혀졌습니다. 일본 아오모리 대학교 연구팀에 의하면 강물 속에는 약 20종의 아미노산이 있는데, 연어들이 강마다 다른 아미노산의 농도차를 후각으로 식별해서 찾아온다는군요.

갈팡질팡하는 비둘기들

자기 감지 능력이 가장 뛰어난 동물로 꼽히는 조류, 그중에서도 비둘기는 「구약 성서」에도 등장할 정도로 '기똥찬' 귀소 본능을 보이기로 유명합니다. 대홍수가 그치자 노아가 마른 땅을 찾기 위해 방주 위에서 비둘기를 날려 보냈다는 이야기 말입니다. 그러나 이 비둘기도 지구 자기장을 감지해서 집을 찾아오기 때문에 작은 자석을 머리에 붙여 놓거나 지구 자기장이 통하지 않는 특수 새장에 넣어 이동시키면 집을 찾아오지 못한다고 하네요.

지진이 난 곳에
동물이 없다

2004년 12월 26일, 동남아시아 일대를 강타한 지진 해일로 무려 30만 명 이상이 죽거나 다치고, 약 113만 명의 이재민이 발생했습니다. 그런데 신기하게도 각국의 피해 현장에서 동물의 사체는 좀처럼 찾아볼 수가 없었다고 하죠. 가장 큰 피해를 입은 스리랑카도 마찬가지였습니다. 아시아코끼리 200여 마리를 비롯해 악어, 멧돼지, 물소, 사슴, 랑구르원숭이, 표범 등이 살고 있던 남동부 해안가의 한 야생 동물 보호 구역에서도 사체로 발견된 동물은 단 한 마리도 없었습니다.

큰 자연 재해가 있기 전 동물들이 이상 행동을 보인다는 이야기는 이미 고대 그리스 로마 시대의 기록에도 있습니다. 지진 직전 뱀, 족제비 등이 모두 도시를 떠났다고 말이지요. 그 후로도 가라앉는 배에서는 쥐를 찾아볼 수 없다거나, 지진이 일어나기 며칠 전부터 개, 소, 닭, 염소 등의 가축들이 먹이도 거부한 채 우리 안으로 들어가길 꺼려하거나 심하게 울부짖었다는 이야기가 전해집니다. 심지어 뱀장어, 낙지, 해파리 등의 수중 생물들 역시 지진 전에 물 밖으로 뛰어오르거나 다른 곳으로 이동하다가 손쉽게 어부에게 잡혔다는 보고도 있습니다. 도대체 동물들은 어떻게 최첨단 장비를 총동원하고 있는 기상 관측소만큼, 아니 그보다 더 정확히 위험을 사전에 감지해서 목숨을 건지는 것일까요? 화산, 지진, 해일 등이 발생하면 지

구의 자기장, 기온, 음파 등에 변화가 생깁니다. 뱀, 쥐 등의 동물들은 일단 지면에 밀착해 살기 때문에 땅 속의 미세한 움직임을 빨리 느낄 수 있죠. 또 새, 코끼리, 설치류, 곤충 등 많은 동물들이 인간에겐 들리지 않는 초저주파음을 들을 수 있습니다. 러시아의 동물학자인 리츠네스키는 인간의 가청 주파수의 한계는 16헤르츠지만 대부분의 동물은 8헤르츠의 낮은 소리까지 들을 수 있어 지진파를 사전에 알아챌 수 있을 것이라 했습니다. 가끔은 동물이 인간보다 훨씬 뛰어난 존재라는 생각을 지울 수가 없습니다.

기상 캐스터 메기?

길고 납작한 몸에 큰 입, 잔 이빨, 긴 수염, 낮에는 바닥이나 바위 밑에 숨어 있고 으슥한 밤이 되면 활동을 시작하는 메기를 보면 만화 영화 「개구리 왕눈이」에 등장하는 악당이 절로 생각이 나 그다지 호감이 가질 않습니다. 그러나 메기가 우리 인간에게 매우 유용한, 그래서 사랑할 수밖에 없는 동물이 될 날도 멀지 않았습니다. 일본에는 예로부터 큰 메기가 물 속에서 요동치면 지진이 일어난다는 말이 있습니다. 결국 오사카 대학교는 연구 끝에 메기가 다른 물고기에 비해 100만 배나 더 민감하게 지구 전자파의 변화를 감지한다는 사실을 알아내고는, '메기 지진 관측망'을 설립할 계획을 세우고 있다고 하네요. 지진으로 수많은 인명과 재산 피해를 겪는 많은 나라들에게 희소식이 되겠죠?

오래전부터 우리 선조들은 동물의 행동을 보고 날씨를 예측했습니다. 예를 들어, 제비가 낮게 날거나 많이 날면 비가 온다, 물고기가 물 밖으로 입을 내놓고 숨을 쉬면 비가 온다, 까치가 낮은 곳에 집을 지으면 태풍이 잦다, 개미가 이사하면 비가 온다, 반딧불이 높이 날면 바람이 없다, 장마 때 거미가 집을 지으면 곧 맑아진다 등등 말이죠.

과학이 발달하면서 이런 옛 조상님들의 믿거나 말거나 식의 일기 예보가 대부분 사실임이 속속 밝혀지고 있습니다. 비가 오기 전에는 대기압이 낮아지고 공기가 습해지면서 작은 곤충들이 낮게 날죠. 때문에 이들을 잡아먹는 제비도 덩달아 낮게 나는 것입니다. 또 물고기가 물 밖으로 입을 내미는 것은 물 속의 산소가 부족한 탓인데, 대기 중의 기압이 낮으면 이런 현상이 많이 나타납니다. 폭풍이 몰아치기 전이면 벌들이 모두 벌통 속으로 숨어 버리는 것을 볼 수 있는데요, 공기 중에 방출되는 전자기파(번개를 만드는)를 감지해서라고 하네요. 철새들도 이동 중에 하늘에서 전자기파를 감지하면 항로를 변경, 폭풍을 피해 갑니다. 귀여운 프레리도그도 폭풍이 오는 소리를 듣고 빗물이 들어오지 않도록 땅굴 입구 주변에 둥글고 높은 담을 쌓습니다. 한때 개구리는 살아 있는 기압계로 사육되기도 했는데요, 개구리의 피부는 습기가 많아지면 멜라닌 색소포가

팽창해 비가 오기 직전 검게 변하기 때문이지요. 우리 선조들의 지혜로움이란 정말 놀라울 따름입니다.

귀뚜라미 온도계

수컷 귀뚜라미는 짝을 찾기 위해 날개를 비벼 울음소리를 내는데, 날이 더울수록 우는 횟수가 비교적 일정하게 증가합니다. 그러자 A. E. 돌베어라는 물리학자는 자연 상태에서 귀뚜라미가 내는 울음소리 횟수로 온도를 측정할 수 있는 공식을 발표하기도 했습니다. 이건 무슨 귀뚜라미 보일러도 아니고 말이죠. 뭐, 어쨌든, 귀뚜라미 우는 밤, 기온이 궁금하거들랑, 아래 공식을 한번 써 보세요. N은 귀뚜라미가 1분 동안 우는 횟수고, T는 화씨온도입니다.

$$T = 50 + \frac{(N-40)}{4}$$

지구상에는 무려 3000만 종의 생명체가 존재하고 있는 것
으로 추정이 됩니다. 그러나 그중 학문적으로 발견된 것은
170만~200만 종에 불과하지요. 최첨단 과학의 시대에 살
고 있다지만 우리는 여전히 해저 생명체에 대해 거의 알지
못하며, 아마존 열대 우림에 살고 있는 최소 200만 종의 생
명체 중 겨우 절반 정도만을 발견했을 뿐입니다. 지금도 지
구 어딘가에는 우리가 예상도 못하는 미지의 생물들이 자신
의 존재가 드러나는 그날을 기다리고 있을지도 모릅니다.

분홍 돌고래 보뚜

"어느 날 흙탕물이 갈라졌다. 수면이 갈라지면서 분홍빛을 띤 형체가 떠올라 너울 쳤다. 폭풍우를 몰고 오는 구름에 드리워진 노을처럼 환한 분홍빛! 하늘에 있어야 할 그 빛이 물속에 있었다." 자연 칼럼니스트 사이 몽고메리가 『아마존의 신비, 분홍돌고래를 만나다』에서 묘사한 분홍돌고래에 대한 첫인상입니다. 이 분홍돌고래의 정식 이름은 아마존강돌고래로 흔히 보뚜라 불립니다. 남아메리카 대륙의 아마존 강과 오리노코 강에 살고 있는데 회색인 녀석도 있고, 회색 바탕에 분홍 얼룩이 있거나, 그야말로 온통 분홍색이거나, 심지어 홍학처럼 불타는 듯한 짙은 분홍색을 띤 녀석도 있습니다. 그러나 학자들조차도 왜 이들이 분홍빛을 갖게 되었는지에 대해서는 정확히 알지 못합니다. 아기 때는 회색으로 태어나 자라면서 분홍빛으로 바뀐다는 설도 있고, 흥분했을 때만 분홍빛이 된다는 설, 혹은 물의 온도 및 혼탁의 정도에 따라 그때그때 다르다는 설도 있습니다. 사실, 미스터리인 것은 이 '분홍빛'뿐만이 아닙니다. 그들의 존재 자체가 '미스터리'라 해도 과언이 아니지요. 지구상에 남은 마지막 미지의 세계, 열대 우림 속 아마존 강, 게다가 흙탕물 속에 사는 탓에 발견조차도 쉽지 않고 그만큼 연구된 바도 거의 없습니다. 크기는 2~2.6미터 정도, 순진해 보이는 작은 눈, 둥글게 툭 튀어나온 이마, 대롱같이 길고 뾰족한 주둥이, 마치 날개처럼 보이는 큼직한 가슴지느러미, 살짝 휘어진 등과 그곳에 자리 잡고 있는 생기다 만 듯한 등지느러미. 이들은 어두운 진흙탕 속에서 살아가기 위해 다른 어떤 고래보다도 뛰어난 음파 탐지 능력을 갖추고 있습니다. 입 주변의 뻣뻣한 털들은 일종의 센서 역할을 해서 여러 가지 정보를 제공해 주고, 날카로운 이빨은 물고기, 거북, 게 등을 부수어 먹기 알맞죠. 주로 혼자 생활하지만 가끔은 20마리 정도가 무리 지어 다니는 모습도 발견이 됩니다. 호기심 많고 장난을 좋아해 보트 옆에서 머물다 가기도 하고, 다른 고래들처럼 어미와 새끼 간의 유대감이 매우 강한 것으로 알려져 있습니다. 강물에 사는 분홍빛 돌고래라니, 정말 신기하지 않나요?

강에 돌고래가 산다고?

분홍돌고래는 약 1500만 년 전 태평양 바다에서 아마존 강 유역으로 들어왔을 것으로 추정됩니다. 그 후 안데스 산맥이 생기기 시작하면서 태평양으로 흐르던 물길이 끊겨 아마존 유역이 고립되면서 지구 역사상 최대 호수가 탄생했지요. 그 당시 고였던 물이 지금처럼 동쪽 대서양으로 빠지기까지는 500만 년이나 걸렸습니다. 덕분에 이 지역에는 지구상의 그 어떤 곳에서도 보기 힘든 독특한 생명체들이 탄생했고, 지금도 미지의 생명체로 넘쳐 난답니다. 분홍돌고래는 원래 한 배 형제였던 바다 돌고래들과 떨어진 채 500만 년이란 세월을 지나오며 새로운 환경에 적응하였습니다.

살아 있는 화석 오카피

불과 80여 년 전, 전 세계를 발칵 뒤집어 놓은 동물이 있었으니, 오늘날 '살아 있는 화석'으로 불리는 오카피가 바로 그 주인공이지요. 아프리카 콩고에 사는 피그미족은 유럽인들에게 기린과 얼룩말을 섞어 놓은 동물에 대해 이야기하곤 했습니다. 그러나 학자들은 터무니없는 소리라며 그들의 말을 일축해 버렸죠. 그런데 1918년, 살아 있는 오카피가 생포된 것입니다. 피그미족의 말대로 말의 얼굴과 기린의 목, 얼룩말의 다리를 섞어 놓은 듯한 모습을 하고 있었으며 수줍음을 많이 타서 열대 우림 깊은 곳에서만 살아왔기 때문에 사람들에게 쉽게 발견이 되지 않았다고 합니다. 전설이나 공상 속의 동물이라고만 생각되었던 오카피의 뒤늦은 발견으로 아직도 이 지구상에는 우리 인간이 알지 못하는 미지의 세계가 남아 있구나 하는 사실을 새삼 깨닫게 되었습니다.

사실, 오카피 외에도 현재 우리가 알고 있는 동물 대부분이 우리 조상들로서는 듣도 보도 못했던 동물들입니다. 오늘날 1,000여 마리밖에 남지 않은 희귀 동물이자 세계 야생 생물 기금의 모델로 활약하고 있는 귀염둥이 자이언트판다 역시 1870년대 이후에야 티베트 밖의 세상에 알려졌죠. 1847년에 발견된 로랜드고릴라와는 달리, 르완다 원주민들 사이에 전해 내려오는 전설 속 괴물쯤으로만 치부되던 마운틴고릴라가 발견된 것도 1902년의 일입니다. 1912년에는 현존하는 가장 큰 도마뱀(수컷의 평균 길이가 3미터)인 코모도왕도마뱀이, 1938년 아프리카에서는 이미 6500만 년 전 공룡과 함께 멸종한 것으로 알려졌던 실러캔스가, 1976년 하와이에서는 역시 멸종한 것으로 알려졌던 메가마우스상어가 발견되었습니다. 1929년에 발견된 보노보 역시 초기에는 덩치가 작은 침팬지쯤으로 여겨지다가 새로운 종으로 인정받아 오늘날의 이름을 얻게 되었구요. 앞으로 또 어떤 신비로운 동물들이 우리 앞에 새로이 나타나게 될까요?

코모도왕도마뱀

지구상에 존재하는 가장 큰 파충류는? 바로 코모도왕도마뱀입니다. 알에서 깨어난 직후에는 30센티미터에 불과하지만 5년이 지나면 평균 몸길이 약 3미터, 몸무게 약 130킬로그램으로 자랍니다. 현재 인도네시아의 코모도 국립공원에 4,000여 마리가 살고 있을 뿐인데요, 이들은 시속 20킬로미터의 속도로 달릴 수 있고, 강한 턱 근육과 힘 센 꼬리, 박테리아가 득실대는 침 등을 이용해 멧돼지, 사슴은 물론 자신보다 2~3배나 큰 물소도 잡아먹습니다.

하얀 고릴라 눈송이

1966년 중앙아프리카 적도 기니. 자신의 농장에서 바나나를 먹고 있던 로랜드고릴라 한 쌍을 쏘아 죽인 농부는 잠시 후 소스라치게 놀랐습니다. 고릴라 사체 뒤에 난생 처음 보는 '하얀 괴물'이 있었던 것이죠. 바로 세계 유일의 하얀 고릴라, '눈송이'가 세상에 모습을 드러낸 순간입니다. 고아가 된 눈송이는 현지의 영장류 연구소로 넘겨진 후 당시 기니가 스페인 식민지였던 까닭에 바르셀로나 동물원으로 옮겨졌습니다.

오늘날까지 이 세상에 존재한 유일한 흰 고릴라 '눈송이'는 학자들뿐만 아니라 전 세계의 관광객들로부터 많은 사랑을 받았고《내셔널 지오그래픽》1967년 3월호 표지 모델로 등장하기도 했습니다. 눈송이의 피부와 털은 하얗고 눈은 흐린 푸른빛 혹은 회색빛을 띠었습니다. 알비노증을 가진 사람이나 동물들이 그렇듯, 눈송이 역시 빛으로부터 눈을 보호하지 못해 시력이 아주 나빴고,(그나마 약간의 색소가 있었음에도 불구하고) 눈이 부시고 아픈 탓에 종종 얼굴을 찡그린 모습이 사진에 찍히곤 했습니다. 때문에 사납다거나 무섭다는 오해도 많이 받았구요. 2001년부터 피부암으로 고통받다 결국 2003년 11월 25일 안락사했습니다.

알비노증이란?

'알비노증(Albinism)'은 '백화(白化) 현상'이라고도 하는데요, '알비노(Albino)'는 라틴어로 '하얗다'를 뜻하는 '알부스(albus)'에서 유래되었습니다. 사람을 비롯해 어느 동물에게나 나타날 수 있는 현상으로, 알비노증을 가진 동물이나 사람은 멜라닌 색소(동물의 조직이나 피부에 존재하는 갈색 또는 흑색의 색소)를 만드는 데 필요한 효소가 없기 때문에 피부 및 털이 전체적으로 흰빛을 띠고 홍채 역시 분홍빛이 됩니다. 홍채가 분홍빛을 띠는 것은 분홍 색소가 있어서가 아니라, 정상적인 빛깔의 홍채에서처럼 속을 가려 주는 색소가 없어 붉은 미세 혈관이 그대로 비치기 때문입니다. 흔히 접하게 되는 실험실의 흰 쥐나 흰 토끼의 눈이 빨간 것도 이 때문이죠. 알비노증을 가진 야생 동물은 영물이나 스타 대접을 받지만, 사실은 햇빛으로부터 피부나 눈을 지켜 줄 색소도 부족한데다 몸을 숨길 보호색도 없어서 야생에서는 제대로 살아가기가 힘듭니다. 애초에 태어날 확률도 매우 적은 만큼 매우 희귀하지요.

모든 백호의 시조
모한과 라드하

순백색의 털에, 빨려 들어갈 듯 신비로운 푸른 눈빛. 백호만큼 카리스마 넘치는 동물이 또 있을까요? 일반 호랑이가 500년을 넘게 살거나, 사람을 해치는 호랑이 100마리를 잡아먹어야 백호가 된다는 전설이 있을 만큼, 백호는 예로부터 상서로운 동물로 여겨져 왔습니다. 때문에 고구려 고분 벽화의 사신도에는 서쪽을 지키는 수호신으로 등장하기도 하고, 조선 시대에는 궁궐 문에 호랑이의 접근을 막기 위해 백호 그림을 그렸을 만큼 신성하고 고귀한 영물 중의 영물 대접을 받았습니다.

백호는 비록 '하얀' 호랑이지만 알비노증은 아닙니다. 백마, 북극곰 등이 알비노증이 아니듯이 말이죠. 진짜 알비노증을 가진 호랑이는 프랑스의 동물학자이자 고생물학의 창시자인 조르주 퀴비에가 『동물계』에서 묘사한 것처럼 밝은 빛 아래서나 겨우 볼 수 있는 줄무늬에다 눈동자도 붉은 색입니다.(1922년 어미와 함께 있던 분홍빛 눈동자의 알비노 호랑이 새끼가 인도 쿠치베하르에 있는 미카 캠프에서 발견되어 총에 맞아 죽었다는 기록이 있습니다.) 때문에 '백호'는 혼란을 피하기 위해 종종 친칠라타이거라 불리기도 합니다. 백호는 벵골호랑이에서 나타나는 흰색 변종입니다. 흰색 털은 열성 형질로, 이 열성 유전자를 가진 암컷과 수컷 사이에서만 백호가 태어나구요, 그 확률은 1만분의 1에 불과하다고 하네요. 현재 세계적으로 200마리 정도뿐인 희귀종으로, 1958년 사냥꾼의 총에 맞아 죽은 백호를 마지막으로 야생에서는 완전히 사라진 것으로 추정되고 있습니다.

그렇다면 오늘날 백호의 시조는 누구일까요? 바로 모한입니다. 1951년 5월, 인도 중부의 르와 지방에서 생후 9개월 정도 된 아기 백호가 잡혔습니다. 그 이전에도 백호가 잡히는 일이 종종 있기는 했지만 대개는 사냥꾼의 전리품이 되어 박제되거나 우리에 갇힌 채 후손을 보지 못하고 죽어 나간 것이 대부분이었죠. 이에 반해 모한은 죽을 때까지 거대한 마하라자 왕궁의 안뜰에서 살면서, 1952년에는 야생에서 포획된 암컷 황호랑이, 베검과 짝을 맺고 후손을 퍼뜨립니다. 1958년, 모한은 자신과 베검 사이에 태어난 1955년생 암컷 황호랑이 라드하와 다시 신방을 꾸미게 되고, 그 사이에서 라자, 라니, 스케쉬, 모히니 총 4마리의 백호가 태어났습니다. 이렇게 태어난 몇 마리의 백호들이 전 세계로 퍼져 나가, 오늘날 약 200마리의 후손을 만들어 냈습니다.

백사자, 레오

만화 영화 「밀림의 왕자, 레오」의 주인공이기도 한 백사자는 사실 오랫동안 전설 속 동물로만 여겨졌습니다. 그러다가 1975년 남아프리카 크루거 국립공원 옆 팀바바티 조수 보호림에서 새하얀 백사자 새끼 2마리가 발견되었는데, 암컷 톰비(줄루족 언어로 소녀를 뜻합니다.)와 수컷 템바(줄루족 언어로 희망을 뜻합니다.)는 그 후에 프리토리아의 국립 동물원으로 보내졌습니다. 백호와 마찬가지로 백사자 역시 알비노증이 아닙니다. 백호보다 더 희귀해 전 세계적으로 30~40마리밖에 없을 것으로 추정되고 있는데, 지난 1998년 12월 크루거 국립공원에서 2마리의 백사자가 또 발견되었습니다.

혼혈동물 라이거와 타이곤

새로운 동물을 창조해 보고픈 호기심에서, 혹은 인간에게 좀 더 유용한 동물을 만들려는 생각에서 사람들은 오래전부터 서로 다른 동물(분류학상 근연 관계의 동물) 간의 교잡을 통해 잡종을 만들어 냈습니다. 잡종 하면 흔히들 순종에 비해 안 좋다고 생각하게 마련이지만, 때론 순종보다 훨씬 더 훌륭한 잡종이 탄생하기도 합니다. 가장 대표적인 것이 바로 노새지요. 힘 좋고 지구력도 강해 갖가지 노역에 동원되는 노새는 암말과 수탕나귀 사이에서 태어난 동물로 「구약 성서」에도 등장할 만큼 그 역사가 오래되었습니다.(수말과 암당나귀 사이에서 태어난 경우는 버새라고 합니다.)

이런 교잡으로 탄생한 동물 중에 대중적으로 가장 큰 사랑을 받는 동물을 꼽으라면 단연 라이거입니다. 라이거는 수사자와 암호랑이 사이에 태어난 잡종으로 거대증 경향을 보여 사자나 호랑이보다도 훨씬 크게 자라기 때문에 명실 공히 세상에서 가장 큰 고양잇과 동물입니다. 다 자란 수컷 시베리아호랑이(우리나라 백두산호랑이도 여기에 속하는데, 5종의 호랑이 중에 덩치가 가장 큽니다.)의 두 배까지 자란 예도 있으며 그만큼 힘도 강하죠. 아빠와 엄마의 생김새를 골고루 물려받아 사자의 털빛에다 희미하지만 줄무늬 및 얼룩무늬도 가지고 있으며 수컷 라이거는 매우 짧긴 하지만 사자의 갈기도 가지고 있습니다. 사자와 달리 라이거는 수영을 매우 좋아하고, 사자의 포효하는 울음소리와 호랑이 특유의 그르렁대는 콧김 소리를 모두 냅니다. 반대의 경우로 타이곤이 있습니다. 즉 수호랑이와 암사자 사이에서 태어난 범사자를 말하는데 타이글론이라 불리기도 하죠. 타이곤은 왜소증의 경향을 가져 양쪽 부모보다 훨씬 작고, 암을 포함한 각종 질병에 약해 수명도 비교적 짧습니다. 타이곤 역시 호랑이의 특징인 줄무늬와 함께 사자의 특징인 흐린 반점도 보이는데요, 그러나 수컷 타이곤은 아쉽게도 멋진 갈기가 없습니다. 라이거와 타이곤은 자연 상태에서는 볼 수가 없습니다. 그러나 동물원처럼 같은 공간 안에서 사육되는 경우에는 호랑이와 사자가 사랑에 빠져 이런 잡종 동물이 태어나기도 한답니다. 라이거는 우리나라에서도 1998년에 교잡에 성공해 에버랜드에서도 볼 수 있지만, 타이곤은 현재 지구상에 10마리 남짓 있는 것으로 추정되며 그나마도 희귀 동물을 갖고 싶어 하는 사치스러운 개인 사육자들의 소유물인지라 일반인에게는 공개되지 않고 있습니다. 호주 캔버라의 국립동물원과 중국 상해 사파리 공원 등에서는 볼 수 있습니다.

노새는 새끼를 낳을 수 없다?

라이거과 타이곤 외에도 퓨마와 표범 사이에서 태어난 퓨마파드, 암사자와 수표범 사이에서 태어난 레오폰, 수말과 암얼룩말 사이에서 태어난 조스, 아메리카들소와 가축 소 사이에서 태어난 캐탈로, 낙타와 라마 사이에서 태어난 카마 등의 혼혈 동물이 있습니다. 일반적으로 이종 간 교잡에 의해 태어난 동물들은 번식 능력이 없어 대를 잇지 못하는 것으로 알려져 있는데, 수컷과 달리 암컷은 번식력을 가질 수도 있다고 합니다. 수컷 호랑이와 암컷 라이거 사이에서 타이라이거가, 수컷 호랑이와 암컷 타이곤 사이에 타이타이곤이 태어난 기록이 있죠. 노새 역시 일반적으로 번식 능력이 없다고 알려져 있지만, 지난 2002년 8월, 모로코의 시골 마을에서 노새가 새끼를 낳아 학계에 큰 논란을 일으키기도 했습니다. 영국 BBC 방송국을 통해 보도된 이 사건은 학자들에 의해 사실이라는 것이 확인되었습니다.

흡혈 메기 칸디루

흡혈 동물이란 사람 또는 가축 등의 피를 빨아 먹는 동물을 일컫습니다. 흡혈 거머리, 흡혈 침파리, 흡혈 박쥐에서부터 모기, 벼룩, 노린재 등의 곤충류 및 체내에 기생하는 각종 기생충에 이르기까지, 이런 흡혈 동물은 대략 4만 종에 이릅니다. 칸디루라는 흡혈 메기도 있습니다. 아마존 강에 서식하는 칸디루는 메기의 일종으로 3~6센티미터 길이의 반투명한 바늘 형태로 생겼습니다. 원래 큰 어류의 아가미에 기생하면서 피와 살을 먹고 사는데, 피와 살을 빨린 어류는 결국 죽고 말죠. 척추동물 중 유일하게 포유류의 몸에 기생할 수 있는 생물로 너무 위험해서 브라질 정부에서는 외국으로의 반출을 금지하고 있을 정도입니다. 이 녀석들은 사람도 공격합니다. 상어가 피 냄새를 맡고 먹이를 쫓는다면 칸디루는 암모니아, 즉 오줌 냄새에 이끌려 동물이나 사람의 요도 속으로 파고들지요. 일단 칸디루가 요도 속으로 들어가 뾰족한 등침을 꽂고 자리를 잡게 되면 수술 이외에는 제거할 방도가 없습니다. 빨리 제거하지 못하면 고통에 몸부림을 치다 결국 죽음에 이르기도 한다구요. 때문에 칸디루가 서식하는 지역의 원주민들은 식인 물고기 피라니아보다 이들을 더 무서워한다고 하네요.

흡혈 물고기 칸디루에 대처하는 법!

아마존 강으로 여행을 갔습니다. 절대 아마존 강에서는 헤엄을 쳐서는 안 되겠지만(칸디루 외에도 무시무시한 동물들이 많이 있기 때문에) 혹시라도 배를 타고 가다 아마존 강으로 풍덩 빠지게 된다면 어떻게 해야 할까요? 물론 재빨리 다시 배로 올라타야겠지요. 혹시라도 물 속에서 구조를 기다려야 하는 상황이라면 아무리 화장실이 급해도 '부르르' 떠는 짓은 금물입니다. 오줌 냄새를 맡은 칸디루가 어디선가 스르륵 헤엄쳐 와 여러분의 요도 속으로 파고들 테니까요.

세상이 거꾸로 보여 박쥐

이솝 우화 중에 낮에는 새에 붙었다 밤에는 쥐에 붙었다 하는 박쥐의 간사함을 꼬집는 이야기가 있습니다. 박쥐는 새일까요? 아니면 쥐일까요? 둘 다 '땡'입니다. 박쥐는 새끼를 낳아 젖을 먹여 키우는 포유동물이지요. 그리고 포유동물 중 유일하게 하늘을 나는 동물입니다. 박쥐 하면 제일 먼저 떠오르는 이미지가 날개를 접은 채 거꾸로 매달려 있는 모습입니다. 박쥐는 심지어 배설과 출산도 거꾸로 매달린 채 해결합니다. 왜 박쥐는 거꾸로 매달려 살아갈까요? 대부분의 박쥐는 발로 걷거나 뛰지 못합니다. 새는 날기 위해 체중을 줄이는 방향으로 진화한 반면, 박쥐는 다리 무게를 줄이는 방향으로 진화했는데, 이 과정에서 대부분의 근육이 없어지고 힘줄(인대)만 남게 되었지요. 덕분에 몸이 가벼워져 날 수 있게는 되었지만, 다리가 너무 약해 몸무게를 지탱할 수 없게 되었습니다. 그래서 갈고리처럼 생긴 발을 이용해 거꾸로 매달려 사는 법을 선택하게 된 것입니다.

그런가 하면, 여름밤이면 어김없이 텔레비전이나 스크린 속에 등장해 우리의 간담을 서늘하게 하는 드라큘라 백작의 둘도 없는 친구, 흡혈 박쥐도 있습니다. 사실, 박쥐하면 으레 흡혈 박쥐를 떠올리지만('황금박쥐'를 떠올리는 사람도 있겠지만) 진짜 피를 빨아 먹는 흡혈 박쥐는 전체 박쥐 중 0.3퍼센트도 채 안 됩니다. 그리고 이들 모두

남아메리카 대륙에만 산다고 하니 우리로서는 걱정 붙들어 매도 되겠죠? 흡혈 박쥐는 사냥감이 잠든 사이 날카로운 이빨로 피부를 살짝 찢은 후 30~40분 동안 피를 빨아 먹는데, 대부분의 동물들이 잠에서 깨지 않을 정도로 고통이 없다고 합니다. 야행성인 박쥐는 약 70퍼센트가 곤충을 잡아먹고 사는데, 밤에 활동하는 곤충의 80퍼센트가 해충이라는 사실을 기억한다면 박쥐가 사실은 우리에게 매우 고마운 존재임을 깨닫게 될 겁니다. 한 마리가 하룻밤 사이 수백에서 수천 마리의 모기를 잡아먹는다고 하니, 집에서 박쥐를 키우기만 한다면 XX킬라 따위는 멀리 던져 버려도 될 것 같네요.

황금박쥐, 정체를 밝혀라

1960년대에 만들어진 만화 영화 「황금박쥐」로 유명해진 황금박쥐. 이들의 정식 이름은 붉은박쥐입니다. 대부분의 박쥐가 검은색인데 비해 이들은 오렌지색을 띠기 때문에 황금박쥐로 통하죠. 황금박쥐는 전 세계에 200여 마리밖에 남아 있지 않아 환경부에서도 멸종 위기 동물 제1호로 지정해 보호하고 있는 희귀종입니다.(전라남도 함평군 대동면 고산봉 일원은 국내 최대의 황금박쥐 집단 서식지로 150여 마리의 황금박쥐가 살고 있습니다.) 얼마 전, 최첨단 장비로 촬영한 한 다큐멘터리에서는, 암컷 황금박쥐가 다른 암컷이 낳은 새끼 박쥐의 사체를 묻어 주는 모습, 죽은 새끼를 낳아 슬픔에 빠진 어미 박쥐의 몸을 동료 박쥐가 비비며 위로해 주는 모습이 세계 최초로 소개되기도 했습니다.

300만 년도 훨씬 전에 지구상에 나타난 인간은 지금까지 단 한번도 혼자인 적이 없었습니다. 대자연의 먹이 사슬 속 일부로 다양한 동식물과 함께 어우러져 살아 왔습니다. 불과 도구를 사용하기 시작하고, 농경생활, 산업 혁명을 비롯해 각종 과학 기술의 급속한 발전을 겪으면서 오늘날 지구상에서의 인간의 위상은 끝 간 데 없이 높아진 듯합니다. 그러나 여전히 우리는 어머니 '가이아', 지구의 품 안에서 다른 동물 형제들과 긴밀한 관계를 맺으며 살아가고 있는 존재입니다. 어머니 없이, 그리고 다른 형제들의 존재 없이는 우리 인간도 존재할 수 없습니다.

마지막 테즈메이니아 주머니늑대

만화 영화 「아이스 에이지」에 등장했던 주인공들을 기억하시나요? 우직한 성격의 매머드, 수다쟁이 익살꾼 자이언트나무늘보, 겉으로는 차가워 보이지만 따스한 마음을 가진 스밀로돈(또는 검치호랑이라고도 불립니다.) 등 개성 만점 등장인물들이 재미나고도 감동적인 모험담을 펼쳐 보입니다. 그런데 너무도 달라 보이는 이들 세 주인공에게 공통점이 하나 있으니, 바로 이미 멸종된 동물이란 점입니다. 물론, 이들은 인간 때문이 아니라 자연 환경의 급격한 변화로 살아남는 데 실패했습니다. 6500만 년 전 공룡이 이 땅에서 사라진 것처럼 말이지요. 그러나 인간이 등장한 이후로는 수많은 동물들이 인간의 이기심을 견디지 못하고 점차 이 지구상에서 자취를 감추고 있습니다.

신비의 동물, 태즈메이니아주머니늑대 역시 1936년 이 땅에서 종적을 감추었습니다. 태즈메이니아호랑이라고도 불리는데, 이들은 개의 머리, 하이에나의 뒷다리와 볼기, 캥거루의 아기 주머니, 길고 뻣뻣한 꼬리, 호랑이의 줄무늬를 가지고 있었습니다. 원래는 오스트레일리아와 뉴기니 전역에 걸쳐 분포하다가 약 1만 2000년 전, 들개인 딩고에게 밀려 태즈메이니아로 이동한 것으로 추정되는데, 후에 빙하가 녹으면서 태즈메이니아가 대륙과 끊겨 지금의 섬이 되자 함께 고립되고 말았습니다. 19세기 무렵 이 섬에 정착하기 시작한 유럽인들은 태즈메이니아주머니늑대가 가축을 잡아먹기 때문에 모두 죽여야만 한다고 생각했고, 결국 치밀한 계획하에 대학살을 감행하기 시작했습니다. 1830년 한 회사가 태즈메이니아주머니늑대의 머리를 가져오는 데 현상금을 건 것을 시작으로 1888년에는 태즈메이니아 의회마저도 이 학살에 동참했습니다. 이런 적극적인 노력(?) 끝에 태즈메이니아주머니늑대의 수는 급격히 감소하기 시작했고, 1910년에 이르자 전 세계 몇 곳의 동물원에서만 볼 수 있게 되었지요. 1933년 플로렌틴 계곡에서 잡힌 마지막 태즈메이니아주머니늑대는 3년 정도를 호바트 동물원에서 살다가 1936년 9월 7일에 병으로 죽었습니다. 그제서야 오스트레일리아 당국은 이들을 보호 야생 동물 목록에 추가시켰지만 때는 이미 너무 늦었습니다. 그 후로는 야생에서 발견되지 않았고 1986년 국제적으로 멸종되었음이 선포되었습니다. 태즈메이니아주머니늑대처럼 지구상에서, 또는 야생에서 더 이상 만날 수 없는 동물들의 이름은 지금 이 순간에도 계속해서 늘어만 가고 있습니다.

멸종 위기 10대 동식물

2004년 세계 야생 생물 기금은 멸종 가능성이 높아 시급히 보호해야 할 10종의 동식물을 발표했습니다. 바로 호랑이, 아시아코끼리, 돼지코자라,

큰양놀래기, 이라와디돌고래, 쇠노란관앵무, 나뭇잎도마뱀붙이, 백상어, 아시아주목(朱木), 라민(말레이시아 열대우림의 나무)입니다. 야생 호랑이는 20세기 들어 95퍼센트나 감소해 5,000마리도 채 안 남았고, 돼지코자라는 관상용으로 키우려는 수집가들 때문에 사라져 가고 있으며, 상아 및 고기를 노린 밀렵으로 아시아코끼리는 3만 5000~5만 마리가 겨우 남았을 뿐입니다. '멸종 위기에 처한 동식물의 국제 거래에 관한 협약(CITES)'은 멸종 위기 동물 약 600종, 식물 약 300종의 상업적 거래를 금지하고 있는 실정이지만, 여전히 밀렵은 성행하고 있습니다.

아픈 사람 치료하는 돌고래

급변하는 사회 속에 정작 중요한 정서나 가치들은 외면당하고 있는 탓에 각종 마음의 병을 앓는 사람들이 점점 더 늘어만 가고 있습니다. 이런 시대상을 반영하듯 다양한 심리 치료법들이 개발되고 있는데, 그중에서도 가장 큰 주목을 받고 있는 것이 바로 동물 매개 치료법입니다. 해외의 경우 일찍이 그 효과가 입증되어 이미 1970년대부터 대체 의학의 하나로 부각되기 시작했죠. 동물 매개 치료에서 가장 많이 이용되는 동물은, 말할 것도 없이 개입니다. 심리 치료견들은 정신적, 신체적 질병이나 장애가 있는 사람들의 정신 치료에 도움을 줍니다. 자폐 아동, 우울증 환자, 학교 폭력으로 대인기피증을 보이는 청소년, 범죄자, 치매 환자, 외로운 독거노인들이 개와 어울리는 과정에서 마음의 정화 및 정서적 안정을 얻고 사회성을 회복한다고 합니다. 특히 감정적으로 상처를 입은 사람들로 하여금 꼭꼭 닫혔던 마음의 문을 열게 하는 데 큰 효과가 있다네요. 학자들은 동물을 가까이하면 불안감이나 짜증 대신 마음이 편안해지고 기력이 높아지기 때문에 심리 치료에 큰 효과가 있는 것이라 말합니다. 그래서 미국의 의사들은 환자들에게 '반려 동물을 양육하라'는 처방전을 내리기도 하지요. 개뿐만 아니라 고양이, 앵무새 등도 마음이 아픈 사람들을 치료하는 데 탁월한 재능을 발

휩니다. 돌고래도 사람을 치료합니다. 물 속에서 돌고래와 함께 어울리는 동안 환자들의 몸속에서 유익한 호르몬이 분비되어 몸과 마음의 상처를 치유해 주지요. 임상 연구 결과, 자폐증, 발달장애, 뇌성마비, 우울증, 중풍 등을 치료하는 데 효과가 있는 것으로 밝혀졌으며 최근 미국, 일본 등지에서 큰 관심을 쏟고 있습니다. 생태 동물원도 큰 인기를 끌고 있습니다. 벤치에 앉아 기린, 사자, 코끼리 등을 바라보는 것만으로도 혈압이 내려가고 만병의 근원인 스트레스가 해소된다는 결과가 나왔기 때문입니다.

재활 승마란?

말이 걸을 때에는, 1분에 약 500회 이상의 크고 작은 움직임이 발생하는데, 이 움직임이 말을 타고 있는 사람에게 그대로 전해지면서 자연스럽게 물리 치료 효과를 갖는다고 합니다. 정신 건강에 도움을 주는 것도 물론이겠지요. 물리 치료를 끔찍이도 싫어하던 아이들도 신이 나서 말에게 몸을 맡긴답니다. 국내에서는 유일하게 삼성 전자 승마단이 재활 승마 프로그램을 운영하고 있습니다.

딱 걸렸어
마약 탐지견

인간의 후각 세포는 500만 개인데, 개의 후각 세포는 약 2억 2000만 개에 달합니다. 단순히 숫자상으로도 44배나 많은 후각 세포를 가지고 있는 셈이지만, 실제 후각 능력은 우리보다 100만 배 내지 10억 배나 더 정확한 것으로 밝혀졌습니다. 1953년에 행해졌던 이 실험의 결과는 지금까지도 논란의 대상이 되고 있긴 하지만 아무리 줄여 잡아도 개의 후각은 인간보다 100배는 더 민감하다는 게 데스먼드 모리스를 비롯한 많은 동물행동학자들의 의견입니다. 어쨌든 이렇게 뛰어난 후각 능력을 십분 발휘해 전문직에 뛰어든 개들의 이야기는 우리 주변에서 쉽게 들어볼 수 있습니다.

먼저 탐지견. 탐지견은 강아지 때부터 특정 냄새를 뚜렷이 인지하도록 훈련을 받아, 숨겨진 마약이나, 지뢰, 무기, 폭발물 등의 화약류나 그 밖의 특정 물품 등을 탐지해 내는 개를 말합니다. 재빨리 사냥감을 찾아 독점하려는 개의 본능이 냄새의 근원을 찾는 것으로 대체된 것이죠.(아주 최근에는 사람 몸속의 암세포를 탐지해 내는 개가 등장했는가 하면, 체내 호르몬 변화를 탐지해 간질 환자들의 발작을 사전 경고해 주는 개도 있습니다.) 한편, 베트남 전쟁이 끝난 뒤 병사들이 미국으로 귀환하면서 마약을 밀반입하는 사례가 늘어나자, 전장에서 맹활약을 펼쳤던 군견에게 마약류를 사전 탐지하는 임무를 맡기기 시작했습니다. 이

렇게 탄생한 전문 마약탐지견은 오늘날 세계적으로 1,000여 마리
가 있으며, 우리나라에만도 공항과 항만에서 50여 마리의 마약탐
지견들이 마약과의 전쟁을 위해 타의 추종을 불허하는 '콧심'을 발
휘하고 있습니다.

그리고 구조견. 개들은 조난당한 사람들을 찾는 데에서도 빛을 발
합니다. 그 옛날 눈 덮인 험준한 알프스 산맥에서 40여 명이 넘는
조난자들의 목숨을 구했던 세인트버나드 종 '배리'가 그 효시인 인
명구조견은, 최근 연구 결과에 따르면 열 감지를 통해 조난자의 생
사 여부까지 알려 준다고 합니다. 그야말로 개코 중의 개코죠?

마약탐지견은 마약에 중독 되지 않았을까?

마약탐지견은 마약에 심각하게 중독되어 있어서 미친 듯이(?) 마약을 찾
는다는 속설이 있지만, 그렇지 않습니다. 강아지 시절부터 '더미'라는 특
정 장난감에 강한 애착심을 가지게 한 후, 마약이나 폭발물 등을 찾아내었
을 때 그 장난감을 '보상'으로 주는 것이 훈련의 기본 원리입니다. 마약에
는 여러 가지 부작용이 따르기 마련이지요. 개들이 마약에 중독되었다면
제대로 일을 할 수 없겠죠? 약발이 떨어져 부들부들 떨면서 짖어 대거나
사람들을 공격하기라도 한다면? 아수라장이 된 공항이라니! 생각만 해도
아찔하네요.

너의 눈이 되어줄게 맹인 안내견

눈을 감고 10미터만 걸어 보세요. 어둠 속에서 내 눈을 대신해 줄 누군가가 있다면 하는 바람이 간절해집니다. 맹인안내견은 그야말로 시각장애인의 '눈'이 되어 주는 존재들입니다. 이들은 24시간 시각 장애인과 함께 생활하면서, 하네스(안내견의 몸에 채워지는 손잡이가 달린 일종의 조끼)로 자신과 연결되어 있는 주인에게 길을 안내하고 앞에 있는 크고 작은 장애물에 대한 위험을 알려 주어 안전한 보행을 할 수 있게 해 줍니다. 개가 가진 타고난 충성심과 고운 심성, 뛰어난 두뇌 등이 어우러지기에 가능한 일이지요. 사실, 개가 시각장애인의 길을 안내해 주기 시작한 것은 꽤나 오래전부터입니다. 고대 중국 동굴 벽화나 중세 서양의 그림에서도 안내견의 모습을 볼 수 있고, 고려 충렬왕 때(1274년)도 서울(당시 남경)에 살던 '눈 먼 아이'가 개꼬리를 잡고 다녔다는 이야기가 옛 문헌에 남아 있습니다.

안내견이 되기까지의 과정 속에는 수많은 훈련사와 자원 봉사자의 열정과 시간, 그리고 사랑과 눈물이 깃들어 있습니다. 전문가들로부터 전문 교육을 받는 것은 물론, 그들로부터 진심 어린 사랑과 관심을 받고 자란 개들만이, 그래서 세상은 아름다운 곳, 베풀며 살아야 하는 곳이라는 것을 깨닫게 된 개들만이 이 특별한 능력을 가지게 됩니다. 그 과정을 잠깐 살펴볼까요? 안내견 후보생들은 생후 1년이

될 때까지 자원 봉사자와 함께 살면서 집안 환경에 익숙해지는 것
은 물론, 자동차, 에스컬레이터, 버스, 전철도 타 보고, 식당, 가게,
도서관에도 가 보면서 바깥세상을 배워 나갑니다. 그 후 테스트에
합격한 개들은 안내견 학교에 입학해서 또다시 1년 동안 전문적인
훈련을 받습니다. 마지막으로 최종 합격한 맹인안내견들은 하루
24시간을 주인과 함께 생활하다 10살 정도가 되면 은퇴를 하지요.
자원 봉사자들의 집에서 여생을 보내는 은퇴견들은 새 주인과의
잦은 외출을 기대하며 생활한다고 합니다. 마치 하네스를 착용하
고 거리를 활보하던 때를 그리워하듯이 말입니다. 맹인안내견뿐 아
니라 신체 장애인들이 스스로 하기 어렵거나 불가능한 일상생활 속
의 다양한 일들을 대신해 주는 재활도우미견, 청각 장애인들의 귀
가 되어, 전화벨소리, 초인종, 화재경보기, 아기울음소리 등을 알려
주는 청각도우미견 등도 사람들에게 크나큰 도움을 주고 있습니다.

안내견을 애견 다루듯 하지 맙시다!

하네스를 착용한 채 일하고 있는 맹인안내견을 주인의 허락 없이 함부로
쓰다듬거나 먹이를 주는 행동, "쮸쮸쮸" 하고 부르는 것은 절대 금물입니
다. 개의 작은 움직임을 통해 주변을 '보고' 있는 시각장애인을 큰 위험에
빠뜨릴 수 있기 때문이지요. 또한 맹인안내견의 대중교통 및 음식점, 각종
시설의 이용을 거부할 경우, 장애인 복지법에 의해 과태료 200만 원이 부

과된다는 점도 기억해 두어야 합니다. 현재 영국, 미국, 프랑스, 뉴질랜드, 일본 등을 포함한 약 35개 나라에 100여 개의 안내견 양성 기관이 있으며 세계적으로 2만 여 마리의 안내견이 활동하고 있습니다. 활동하고 있는 안내견의 95퍼센트가 래브라도레트리버 종이지요. 국내에도 삼성 안내견 학교와 이삭 도우미 개학교가 맹인안내견을 육성하고 있으며, 국내 맹인 안내견 사용자는 50여 명입니다. 모두 무상으로 분양된다구요.

전쟁터로 간 낙타

세계 곳곳에서 민족 간, 종교 간 전쟁이 끊이질 않고 있습니다. 전쟁은 사람뿐만 아니라, 동물들에게도 크나큰 재앙입니다. 과학 기술이 발달하면서 전쟁 무기들은 상상을 초월하는 파괴력을 지니게 되었습니다. 앉아서 단추 한 번 누르는 것으로 특정 지역을 순식간에 초토화시킬 수 있으며, 인명 피해는 물론, 수천만 년 역사를 고스란히 품고 있는 귀중한 문화재가 파괴되고 수많은 동식물들이 죽어 나갑니다. 특히 일정 지역에만 서식하는 고유의 동식물들은 아예 멸종해 버리기까지 하죠. 세계 자연 보존 연맹도 이라크 전쟁이 1991년 걸프 전쟁 때보다 훨씬 더 심각한 자연 환경 파괴를 야기할 것이라면서 현대전이 인간과 생태 환경에 미치는 악영향은 그 부채를 수년, 또는 수십 년 넘게 갚아야 할 정도라고 경고했습니다.

더 놀라운 것은, 동물이 사람에 의해 '살상 무기'로 둔갑된다는 점입니다. 물론 동물 자신은 가미가제식 자살 특공대가 되었다는 사실을 전혀 모릅니다. 냉전 시대, 구소련 해군은 돌고래를 '살아 있는 무기'로 사용했다고 하지요. 돌고래는 등에 폭탄을 단 채 목표물에 부딪혀 자폭하게끔 훈련을 받았고 그 와중에 수백 마리가 죽어 나갔습니다. 또 시험 발사된 미사일을 찾거나 회수하는 일을 하기도 했고, 수면에 닿는 순간 탈출이 가능한 낙하산에 매여 목표물 상

공에서 투하되기도 했습니다.(실전에 투입되었는지의 여부에 대해서는 아직
도 논란이 계속되고 있지만요.) 2003년 이라크 전쟁 때는 걸프만에 주둔
한 연합군 함정과 구호물자를 적재한 각종 선박의 안전 항해를 위
해 돌고래와 바다사자 100여 마리가 참전할 것이라는 소식도 있었
습니다. 이들의 주 임무는 바다 속 기뢰 제거 및 설치였는데 미국 해
군은 1960년부터 돌고래를 훈련하기 시작해 베트남 전쟁과 걸프
전쟁에 투입했다고 합니다. 또, 아프가니스탄 전쟁 때는 몸에 원격
조종 시한폭탄이 장착된 낙타 자살 특공대가 미국군 기지 쪽으로
보내졌다는 소문이 나돌기도 했습니다.

세계적으로 해마다 약 2만 6000건의 지뢰 사고가 발생해 매달
2,000명의 민간인이 다치거나 사망하고 있습니다. 지금까지 지뢰
사고로 희생된 동물도 162만 7000마리가 넘는다는 보고가 있죠. 지
금도 지구촌 곳곳에서 죄 없는 아이들과 동물들이 전쟁으로 고통받
고 있습니다. 어떤 이유에서든 전쟁은 사라져야 하지 않을까요?

전쟁이 나면 동물원의 동물들은 어떻게 될까?

전쟁이 터져 폭격이 예상되면, 동물원의 맹수들이 제일 먼저 죽임을 당한
다고 합니다. 그렇지 않으면 우리를 뛰쳐나와 사람을 해칠 수도 있으니 말
이지요. 제2차 세계 대전이 끝나갈 무렵인 1945년 7월의 어느 날, 우리나
라의 창경궁(일제에 의해 창경원이란 명칭으로 격하되었던)에서도 그런 일이 있었습

니다. 당시 동물원을 관리하던 일본인들이 미국군의 폭격을 우려, 또 동물 사료 및 관리 인력의 부족으로, 코끼리, 사자, 호랑이, 곰, 뱀, 악어, 독수리 등 150여 마리에 달하는 맹수류 및 대동물들을 독살했다고 하네요. 정말 가슴 아픈 일입니다.

우주로 간 침팬지 햄

동물은 첨단 과학의 발전에도 큰 공헌을 하고 있습니다. 1950년대 후반, 미국 공군은 뉴멕시코의 홀로만 공군 기지에 침팬지 식민지를 세웠습니다. 공군과 침팬지라니, 도대체 무슨 연관이 있는 것일까요? 우주여행이 인간에게 생물학적으로 어떤 영향을 미칠지 알아보는 실험을 해 보기 위해 침팬지들을 잡아들였던 것이죠. 원심 분리기 속에서 신체가 어느 정도까지 원심력을 이겨내는지, 또 감압실에서는 얼마나 오랫동안 지각력을 유지하는지 등의 실험을 했습니다. 뿐만 아니라 핵이 터진 상태에서 얼마나 더 비행기 조종을 계속할 수 있는지라든가, 제트기 비상 탈출 의자를 설계하기 위한 실험용으로도 사용되었습니다.

이렇게 우주 비행 실험에 이용된 침팬지들을 'Astro Chimp', 또는 'Space Chimp'라고 부르는데, 그 1호가 바로 햄입니다. 1961년 햄은 플로리다의 케이프커내버럴에 있는 미국 항공 우주국에서 머큐리 프로젝트(미국 최초의 유인 위성 발사 계획)의 선발 주자로 1인승 캡슐(M-2)에 태워져 우주로 발사됐습니다. 햄의 캡슐은 157마일을 비행한 후 대서양으로 떨어졌고, 다행스럽게도 다음 날 구조선에 의해 구출됐습니다. 침팬지 외에 수많은 원숭이들도 관련 실험 연구에 동원되었는데요, 비행 도중 질식사하거나 발사 직후 우주선 폭발로 목숨을 잃는 경우가 많았습니다. 비록 자의는 아니었다 하더라도 그들이 우리 인간 대신 각종 실험에 참여했기 때문에 지금 같은 우주 탐사의 시대가 도래할 수 있었다 해도 과언이 아닐 겁니다. 그 밖에도 각종 의약품은 물론, 우리가 일상적으로 쓰고 있는 화장품, 로션, 렌즈 세척액, 비누, 샴푸 등의 미용 및 생활 용품 개발 과정에도 동물 실험 과정이 포함되어 있습니다.(그렇다고 동물을 함부로 다루어도 된다는 말은 아닙니다. 동물 학대는 명백한 중범죄입니다.) 오늘도 수많은 동물들이 '인류를 위해' 희생하고 있습니다. 그런데 우리는 그들에게 어떤 식으로 그 보답을 해 주고 있을까요?

동물 학대는 명백한 중범죄 행위

종종 "강아지나 병아리 같은 동물을 괴롭히거나 죽이는 것도 불법 행위인가요?"라는 질문을 받곤 합니다. 대답부터 하자면, '물론' 입니다. 현행 우리나라 동물 보호법은 "합리적 이유 없이 동물을 죽이거나 학대하는 사람에게 20만 원 이하의 벌금이나 구류 또는 과료에 처한다."고 규정하고 있죠. 그러나 빠르면 2007년 1월부터 시행될 새로운 동물 보호법에서는, 6개월 이하 징역 또는 200만 원 이하 벌금으로 그 처벌 수준을 높였습니다. 학대의 범주에는 동물에게 고통, 상처를 가하는 것은 물론 사육 환경이 열악해 동물을 굶기거나 병을 방치한 경우도 포함이 됩니다. 그러나 불법이냐, 합법이냐를 떠나서 동물도 우리 인간과 똑같은 생명체라는 사실을 잊지 않았다면 결코 동물을 학대해서는 안 될 것입니다.

탐험을 마치며

어느덧 동물 별 탐험을 마칠 시간이 되었습니다. 어땠나요? "아니, 세상에 이런 일이!" 하는 새롭고 놀라운 발견도 있었을 것 같고, 가슴 따뜻한 감동적인 발견, 또 배꼽 잡는 재미난 발견도 있었을 것 같아요. 이번 탐험을 통해 동물도 우리 인간처럼 감정이 있고, 생각이 있고, 살아 숨 쉬는 생명체라는 사실을 깨닫게 되셨기를 바랍니다. 그 이유만으로도 그들은 충분히 보호받을 가치가 있다는 것도요. 마하트마 간디는 "한 나라의 위대함과 도덕성은 동물들을 다루는 태도로 판단할 수 있다."고 했으며 이마누엘 칸트 역시 "동물에게 잔혹한 사람은 사람에게도 잔혹하다. 우리는 동물을 대하는 방식을 보고 그 사람의 마음을 판단할 수 있다."고 했습니다. 그런데, 동물을 보호해야만 하는 좀 더 현실적인 이유도 있습니다. 마지막으로 그 이야기를 해 볼까요?

'생명의 그물' 을 지키자

스트레스투성이의 바쁘고 힘겨운 일상에서 고개를 돌려 보면, 우리들이 미처 느끼지 못했던, 혹은 잊고 살았던 아름답고 경이로운 세상이 있습니다. 눈부신 햇살, 시원한 파도, 푸르른 나무와 풀, 꽃

냄새, 새 소리, 맑은 시냇물 소리…….

상상만으로도 편안함을 느끼게 해 주는 어머니 지구, 가이아는 이미 너무나 많은 상처를 입었습니다. 우리들이 콘크리트 밀림 속에서 편리한 생활을 누리고 있는 동안 다른 수많은 동식물들은 멸종의 길목으로 내몰리고 말았지요. 2004년 세계 자연 보존 연맹이 발표한 '멸종 위기에 처한 동식물 목록'에는 7,266종의 동물을 포함해 무려 1만 5589종의 생물이 등재되었습니다. 더 무서운 것은 멸종 속도입니다. 현재 하루에도 100종이 넘는 동식물들이 사라지고 있으며, 20년 안에 전체의 3분의 1이 멸종할 것이라고 예상하는 학자도 있습니다. 때문에 학자들은 지금을 '6번째 대멸종의 시대'라고 표현합니다. 지구가 마지막 대멸종을 겪은 시기는 공룡이 사라진 6500만 년 전으로, 이 정도 규모로 종이 멸종했던 것은 생물이 폭발적으로 늘기 시작한 캄브리아기 이래로 지난 5억여 년 동안 5번뿐이었습니다. 그때마다 '생물의 다양성'을 회복하기까지는 1000만 년 이상씩 걸렸구요.

'6번째 대멸종의 시대'가 도래하게 된 것은 그동안 인간이 무분별한 자연 파괴를 일삼아 왔기 때문입니다. 지구에는 인간 외에도 수많은 동식물들이 살고 있습니다. 지금까지 학계에 기록된 것은 200만 종도 되지 않지만 학자들은 지구상에 3000만 종 이상의 생물이 살고 있을 것으로 추정합니다. 이들은 지구에 눌러앉은 채 인간에게 해를 끼치는 기생충 같은 존재가 아닙니다. 드넓은 우주에서 유난히 지구가 이렇게 살기 좋은 행성이 된 것도 다양한 생명체들이 얽히고설킨 채 각자에게 주어진 임무를 충실히 해내고 있기 때문입니다. 엄청난 종류의 동식물들이 이루고 있을 먹이 사슬을 떠올려 봅시다. 얼마나 복잡한지 이제 학자들은 '생명의 그물'이라 부릅니다. 그물처럼 엮인 채 서로 긴밀한 영향을 주고받으며 사는 동식물이 많으면 많을수록 환경은 더 튼튼하고 건강해집니다.

지구는 살아 있는 거대한 생명체로, 동식물들은 지구의 생명을 유지시켜 주는 세포, 혈액, 뼈, 근육, 신경 그리고 심장, 위, 뇌 등의 여러 기관이라고도 할 수 있습니다. 심장이나 뇌가 없다면, 뼈가 없다면 어떻게 살아갈 수 있을까요? 그리고 우리는 아직까지 각각의 동식물들이 지구의 생존에 어떤 역할을 하고 있는지 정확히 밝혀내지 못했습니다. 『제3의 침팬지』에서 제러드 다이아몬드는 "그까짓 동식물 몇 퍼센트쯤 멸종된다고 큰일이야 나겠어?"라고 생각하는 사람들에게 다음과 같은 이야기를 들려줍니다. "당신의 몸에서 몇 퍼센트쯤에 해당하는 신체 부위가 제거된다고 생각해 보라. 그것도 그 부위가 어떤 역할을 하는지 전혀 모르는 자에 의해서 말이다." 생각만 해도 아찔합니다. 이것이 바로 우리가 살고 있는 지구가 처해 있는 상황입니다.

오밀조밀하게 얽혀 있는 생명의 그물은 우리 인간의 안전을 지켜 주는 안전벨트, 생명 벨트로서의 의미도 가지고 있습니다. 생명 벨트 역할을 하는 이 '생명의 그물'에 구멍(동식물이 멸종함으로써 생기는 빈 자리)이 뚫리면, 연쇄 작용으로 인접한 그물코들도 함께 뜯겨 나갑니다. 마치 도미노에서 블록 하나가 전체 블록들을 다 쓰러뜨리듯이 말입니다. 수많은 동식물들의 노동력이 사라지면서 지구는 이미 이상 증세들을 보이고 있습니다. 학자들은 세계 곳곳에서 기상 이변이 일어나거나 전에 없던 새로운 질병이 생기는 것도 같은 이유에서라고 설명합니다. 지금처럼 환경과 야생 동식물들을 우습게 보다가는 머지않아 우리는 '생명의 그물'을 완전히 찢고 말 것입니다. 내 손으로 생명 벨트를 벗어던지는 꼴이 되겠지요.

동식물들이 처한 위험, 그리고 지구와 인류가 처한 위험에 대해 이야기하다 보니, 우리가 너무 늦은 건 아닌지, 도대체 미래를 위해 우리가 바꿀 수 있는 일이 남아 있기나 한 것인지 하는 의문이 듭니다. 이 즈음해서 한국을 방문했던 제인 구달 박사의 강연에서 감명 깊게 들었던 이야기를 여러분들과 함께 나눠 볼까 합니다. 강연이 끝나갈 때쯤 그녀는 동그랗고 긴 종이 상자 속에서 1미터쯤 되어 보이는 커다란 깃털 하나를 꺼내 청중에게 보여 주었습니다.

"세계의 젊은이들을 만나 보면, 모두가 미래에 대한 희망을 잃은 것 같습니다. 과연 그럴까요? 한때, 캘리포니아콘도르는 심각한 멸종 위기에 처해 12마리밖에 남지 않았었습니다. 모두들 콘도

르가 곧 멸종할 것이라고 입을 모았지요. 그러나 많은 사람들의 노력으로 현재는 150마리가 되었습니다. 이 깃딜이 바로 그 콘도르의 깃털입니다. 희망의 상징이지요. 우리들 하나하나가 모두 중요한 존재입니다. '나 하나쯤이야 괜찮겠지, 혹은 나 하나 노력한다고 뭐가 달라지겠어.'라고 생각하지 말고, 모두들 미래에 대해 희망을 갖고 힘을 모읍시다. 우리가 함께라면 세상을 바꿀 수 있습니다."

그리고 그녀는 누군가에게 받은 선물이라며 작은 종 하나를 꺼내 흔들었습니다. "딸랑딸랑, 딸랑딸랑" 너무도 맑고 영롱한 소리에 청중들이 낮게 탄성을 자아내자 그녀가 말합니다. "이 종은 누군가가 밟은 지뢰가 터지면서 나온 파편으로 만든 것입니다. 어떤 상황에서도 희망은 존재하는 법입니다."

전 세계 모든 아이들이, 사람들이, 생명들이 꿈꾸며 살 수 있는 세상이 되기를 바랍니다.

BUS

김소희

숙명 여자 대학교를 졸업하고 반려 동물 전문지《페티앙》의 편집 기획 실장을 거쳐《스포츠서울》과《일간스포츠》등 신문과 잡지에 동물에 관한 재미난 글을 기고하는 동물 칼럼니스트로 활동하고 있다.

2000년부터는 동물에 대한 새로운 소식과 유용한 정보를 보다 빨리, 보다 널리 사람들에게 전하기 위해 '애니멀파크(www.animalpark.pe.kr)'를 운영하고 있다. '애니멀파크'는 6만 명이 회원으로 등록하여 활동하고 있으며 매년 60만 명에 이르는 사람들이 방문하는 국내 최고의 인터넷 동물원이다. 네이버, 야후, 엠파스 등 각종 포탈 사이트의 추천 사이트로 등재되었으며, 2003년 정보 통신 윤리 위원회 '청소년 권장 사이트', 한국 과학 문화 재단 '대한민국 과학 콘텐츠 대상 최우수상'을 수상했다. 2005년에는 한국 아동 단체 협의회 어린이 건전 사이트로 선정되었다.

라디오나 텔레비전 등 각종 방송 매체에도 활발히 출연하여 동물에 대한 편견과 오해를 바로잡기 위해 애쓰고 있다. 옮긴 책으로는『당신의 몸짓은 개에게 무엇을 말하는가』가 있다.

아주 특별한 동물 별 이야기

1판 1쇄 펴냄 2006년 8월 11일
1판 12쇄 펴냄 2017년 11월 24일

지은이 김소희
펴낸이 박상준
펴낸곳 (주)사이언스북스

출판등록 1997. 3. 24.(제16-1444호)
(06027) 서울특별시 강남구 도산대로1길 62
대표전화 515-2000, 팩시밀리 515-2007
편집부 517-4263, 팩시밀리 514-2329
www.sciencebooks.co.kr